畜禽屠宰检验检疫图解系列丛书

鹅屠宰检验检疫图解手册

中国动物疫病预防控制中心
(农业农村部屠宰技术中心) 编著

中国农业出版社
北 京

图书在版编目（CIP）数据

鹅屠宰检验检疫图解手册/中国动物疫病预防控制中心（农业农村部屠宰技术中心）编著．—北京：中国农业出版社，2018.11（2022.1重印）
（畜禽屠宰检验检疫图解系列丛书）
ISBN 978-7-109-24889-2

Ⅰ.①鹅… Ⅱ.①中… Ⅲ.①鹅—屠宰加工—卫生检疫—图解 Ⅳ.①S851.34-64

中国版本图书馆CIP数据核字（2018）第257635号

中国农业出版社出版
（北京市朝阳区麦子店街18号楼）
（邮政编码　100125）
责任编辑　肖　邦　刘　玮

北京中科印刷有限公司印刷　新华书店北京发行所发行
2018年11月第1版　2022年1月北京第2次印刷

开本：787mm×1092mm　1/16　印张：8.5
字数：210千字
定价：68.00元

丛书编委会

本书编委会

主　编　尤　华　罗开健

副主编　高胜普　张新玲　廖　明

编　者　（按姓氏音序排列）

陈国宏　崔治中　高胜普　李　明　李　婷　廖　明
柳子巍　罗建民　罗开健　瞿孝云　曲道峰　施建鑫
王晓冰　王永坤　吴　晗　谢嘉渠　尤　华　于　博
张朝明　张　奇　张新玲　张　媛　庄克衍

审　稿　邓　勇　孙京新　戴瑞彤

丛书序

肉品的质量安全关系到人民的身体健康，关系到社会稳定和经济发展。畜禽屠宰检验检疫是保障畜禽产品质量安全和防止疫病传播的重要手段。开展有效的屠宰检验检疫，需要从业人员具备良好的疫病诊断、兽医食品卫生、肉品检测等方面的基础知识和实践能力。然而，长期以来，我国畜禽屠宰加工、屠宰检验检疫等专业人才培养滞后于实际生产的发展需要，屠宰厂检验检疫人员的文化程度和专业水平参差不齐。同时，当前屠宰检疫和肉品品质检验的实施主体不统一，卫生检验也未有效开展。这就造成检验检疫责任主体缺位，检验检疫规程和标准执行较差，肉品质量安全风险隐患容易发生等问题。

为进一步规范畜禽屠宰检验检疫行为，提高肉品的质量安全水平，推动屠宰行业健康发展，中国动物疫病预防控制中心（农业农村部屠宰技术中心）组织有关单位和专家，编写了畜禽屠宰检验检疫图解系列丛书。本套丛书按照现行屠宰相关法律法规、屠宰检验检疫标准和规范性文件，采用图文并茂的方式，融合了屠宰检疫、肉品品质检验和实验室检验技术，系统介绍了检验检疫有关的基础知识、宰前检验检疫、宰后检验检疫、实验室检验、检验检疫结果处理等内容。本套丛书可供屠宰一线检验检疫人员、屠宰行业管理人员参考学习，也可作为兽医公共卫生有关科研教育人员参考使用。

本套丛书包括生猪、牛、羊、兔、鸡、鸭和鹅7个分册，是目前国内首套以图谱形式系统、直观描述畜禽屠宰检验检疫的图书，可操作性和实用性强。然而，本套丛书相关内容不能代替现行标准、规范性文件和国家有关规定。同时，由于编写时间仓促，书中难免有不妥和疏漏之处，恳请广大读者批评指正。

编著者

2018年10月

目 录

第一章

检验检疫基础知识图解

第一节 屠宰检验检疫有关专业术语

一、术语和定义

（1）鹅胴体 通常是指放血、脱毛、去掌、去内脏后的鹅躯体（图1-1-1）。

图1-1-1 鹅胴体

（2）食用副产品 屠宰加工后，所得的内脏、脂、血液、骨、头、掌等可食用的部分（图1-1-2～图1-1-7）。

图1-1-2 鹅胗

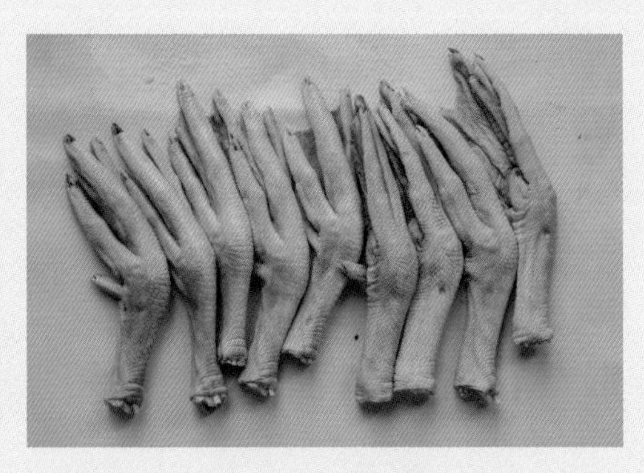

图1-1-3 鹅掌

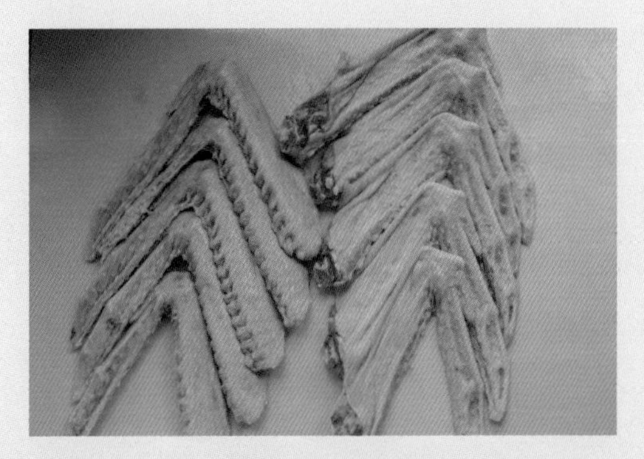

图1-1-4　鹅翅

图1-1-5　鹅心

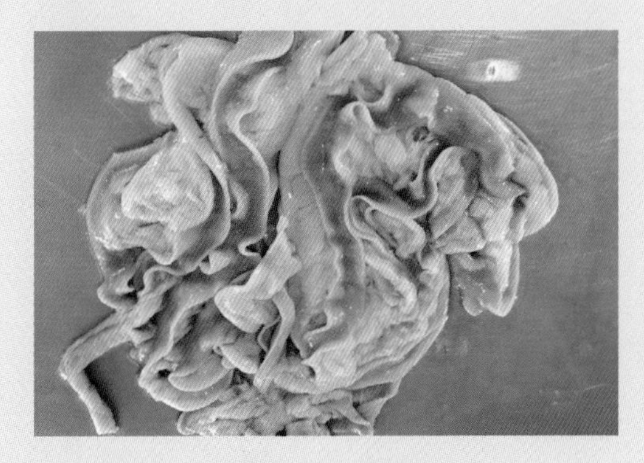

图1-1-6　鹅肠

图1-1-7　鹅肝

（3）冷却　在规定的时间内，用冰水或其他符合卫生标准的方式，将胴体的中心温度降至4℃以下的过程（图1-1-8）。

图1-1-8　冷却

（4）宰前检验检疫　在屠宰前对要屠宰的鹅进行检验检疫，以评价是否适于屠宰，判别肉品及食用副产品是否可以食用（图1-1-9）。

（5）宰后检验检疫　鹅屠宰后，为判定鹅是否健康和适合人类食用，对其头、胴体、内脏和鹅其他部分进行的检查（图1-1-10）。

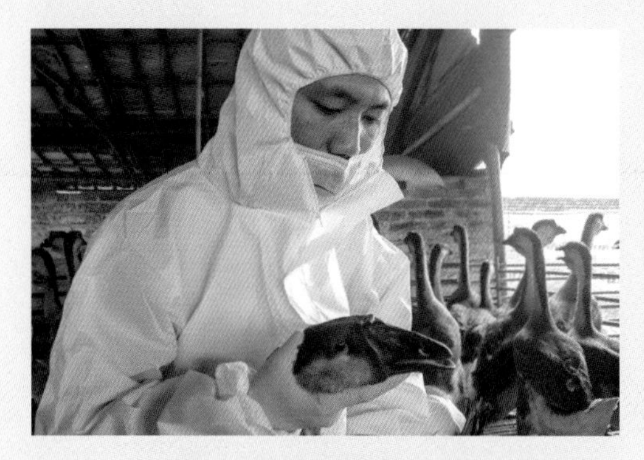

图1-1-9　宰前检验检疫

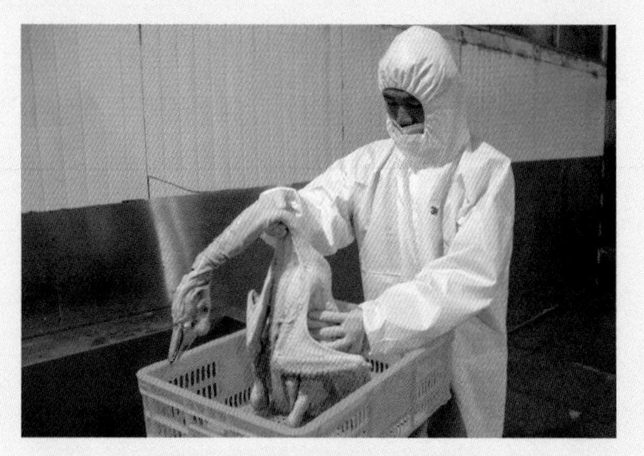

图1-1-10　宰后检验检疫

（6）无害化处理　是指用物理、化学等方法处理病死及病害动物和相关动物产品，消灭其所携带的病原体，消除危害的过程（图1-1-11）。

（7）清洗　指用符合饮用标准的流动水除去污物、残屑和其他可能污染食品的不良物质的加工工序（图1-1-12）。

图1-1-11　高温化制炉

图1-1-12　清洗

（8）消毒　是指利用物理、化学或生物等方法抑制或杀灭病原体的措施（图1-1-13）。

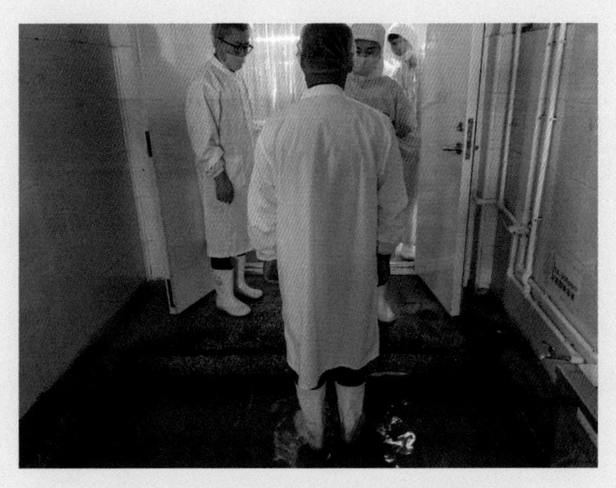

图1-1-13 车间洁净区入口消毒池

二、鹅的解剖学基础

1．运动系统 运动系统由肌肉和骨骼组成。其中，肌肉产生动力，骨骼发挥杠杆作用。在屠宰检验检疫中，肌肉和骨骼是需要检查的主要部位之一。

（1）骨骼 鹅的骨骼密而坚硬，而且很多为含气骨，因而硬度大、质量轻。幼年鹅大部分骨内有骨髓；成年鹅翼和后肢的部分骨内有骨髓，其余多数骨髓腔内的骨髓被空气代替，成为含气骨。图1-1-14为鹅骨骼左侧观，包括头骨、颈椎、肱骨、翅尖、掌骨、前臂骨、耻骨、坐骨、股骨和小腿骨等。

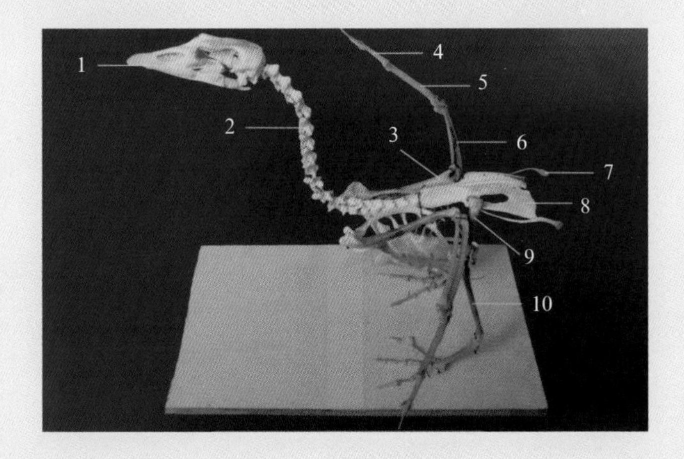

图1-1-14 鹅的骨骼

1．头骨 2．颈椎 3．肱骨 4．翅尖 5．掌骨 6．前臂骨 7．耻骨 8．坐骨 9．股骨 10．小腿骨

（刘志军等，2017）

（2）肌肉 肌肉按分布部位分为皮肌、头部肌、颈部肌、躯干肌、肩带肌、翼肌、盆带肌和腿肌。肌肉由较细的白肌纤维、红肌纤维和中间型的肌纤维肌构成，内部无脂肪分布。鹅的肌肉颜色较暗，骨骼肌纤维较细，数量多，其分布和发达程度因部位不同而有所不同（图1-1-15、图1-1-16）。其中，颈部、胸部和腿部肌肉发达，与其活动相适应。

图1-1-15 鹅的胸部肌肉

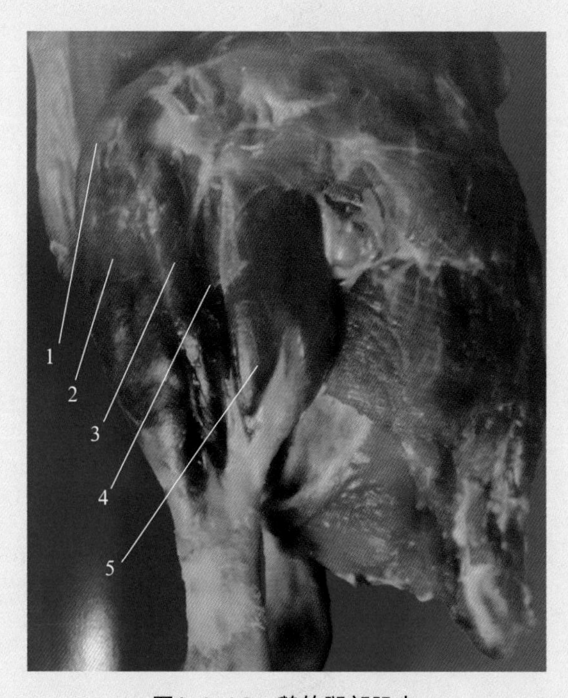

图1-1-16 鹅的腿部肌肉

1. 腓肠肌内侧部 2. 胫骨前肌 3. 第三趾有孔穿屈肌
4. 第二趾有孔穿屈肌 5. 腓肠肌外侧部
（刘志军等，2017）

2．消化系统　鹅的消化系统由消化管和消化腺组成。其中，消化管包括喙、口腔、舌咽、食管、胃（腺胃和肌胃）、小肠（十二指肠、空肠和回肠）、大肠（盲肠、结肠和直肠）和泄殖腔，消化腺主要有肝脏和胰腺等器官（图1-1-17、图1-1-18）。

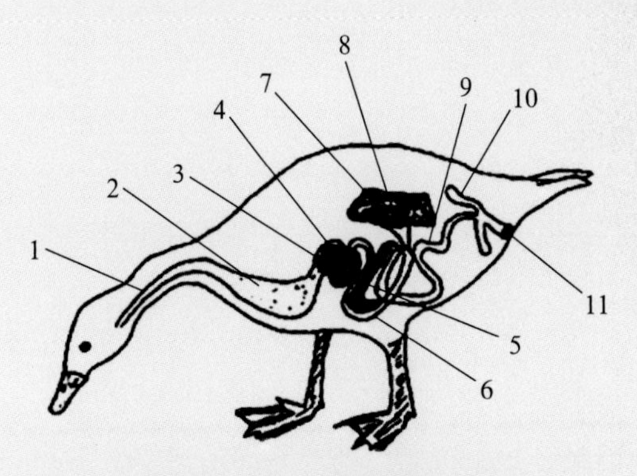

图1-1-17　消化系统示意

1．食管　2．食管膨大部　3．腺胃　4．肌胃　5．胰腺　6．十二指肠　7．肝脏　8．胆囊　9．回肠　10．盲肠　11．泄殖腔

（Roger Buckland与Gérardguy，2002）

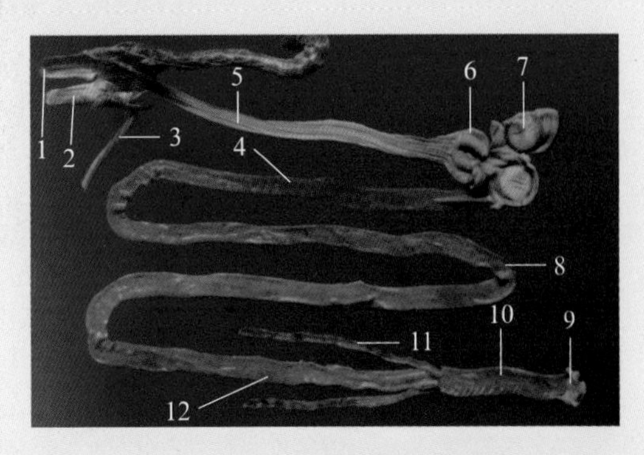

图1-1-18　鹅的消化道剖面

1．上喙　2．舌　3．气管　4．十二指肠　5．食管　6．腺胃　7．肌胃　8．空肠　9．肛门　10．直肠　11．盲肠　12．回肠

（刘志军等，2017）

3．呼吸系统　鹅的呼吸系统由鼻腔、咽、喉、气管、鸣管、肺脏和气囊等器官组成。空气通过鼻腔、咽、喉到达肺和气囊（图1-1-19、图1-1-20）。

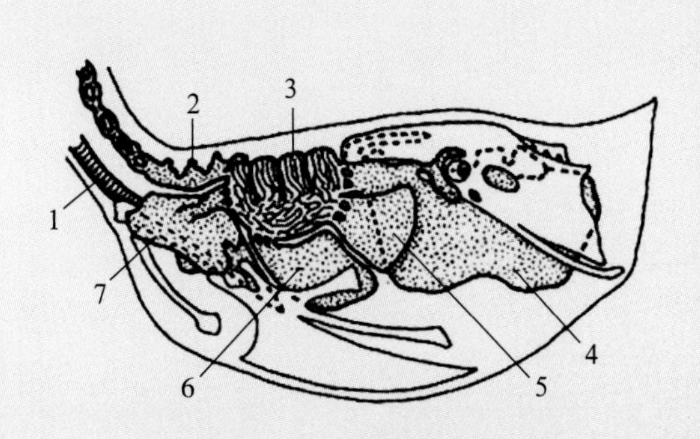

图1-1-19　鹅的气囊分布模式

1．气管　2．颈气囊　3．肺　4．腹气囊　5．后胸气囊　6．前胸气囊　7．锁骨气囊

（马仲华，2005）

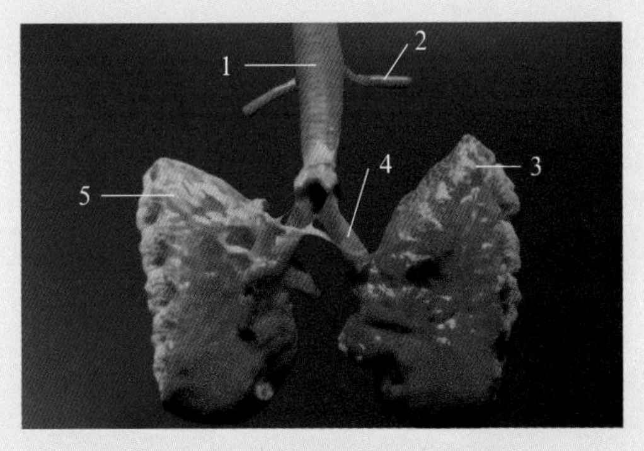

图1-1-20　鹅的气管、肺脏面观

1．气管　2．气管肌　3．右肺　4．支气管　5．左肺

（刘志军等，2017）

4．心血管系统和淋巴系统

（1）心血管系统　心血管系统包括心脏和血管。心脏约占体重的5%。血管分为

动脉、毛细血管和静脉。鹅的心脏位于胸腹腔头侧，呈近圆锥形，基部指向前上方，心尖指向后下方。心脏分左、右心室和左、右心房四个腔室，周围包裹以囊状心包，心包与心脏之间形成心包腔，内有心包液（图1-1-21）。

（2）淋巴系统　鹅的淋巴系统包括淋巴管和淋巴器官两大部分。淋巴器官包括胸腺、腔上囊、脾脏（图1-1-22）和淋巴结。胸腺呈串状分叶小体分布于颈部气管两侧的皮下，成年后逐渐退化直至消失。腔上囊又称法氏囊，呈长椭圆形，位于泄殖腔近肛门背侧，成年后退化。脾呈红褐色、不规则球状，位于腺胃右侧。

淋巴循环为单向循环，组织内的毛细淋巴管逐渐汇合成较大的淋巴管，再由淋巴管汇合成胸导管。鹅有一对胸导管起始于骨盆向前沿主动脉延伸，注入两条前腔静脉。

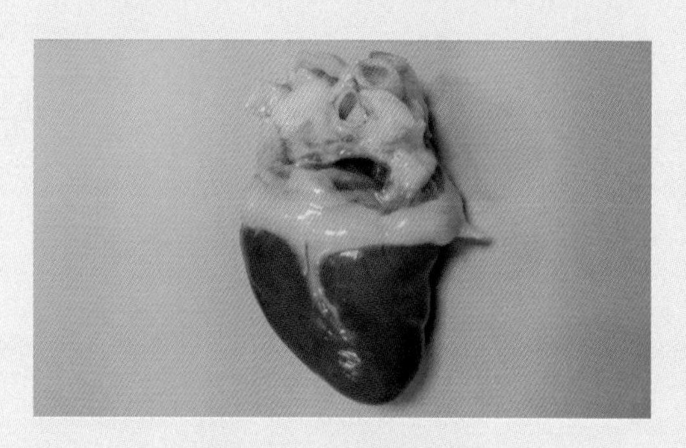

图1-1-21　鹅的心脏

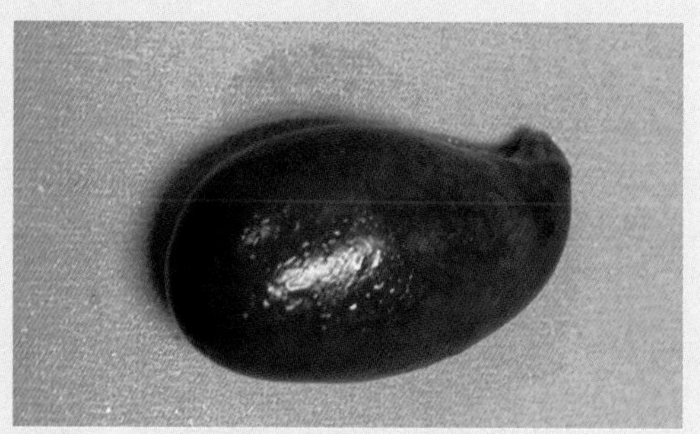

图1-1-22　脾脏

5．泌尿系统　鹅的泌尿系统包括肾脏、输尿管和泄殖腔。肾脏一对位于腰荐骨两侧的凹陷内，由表面浅沟分为前、中、后三叶（图1-1-23）。

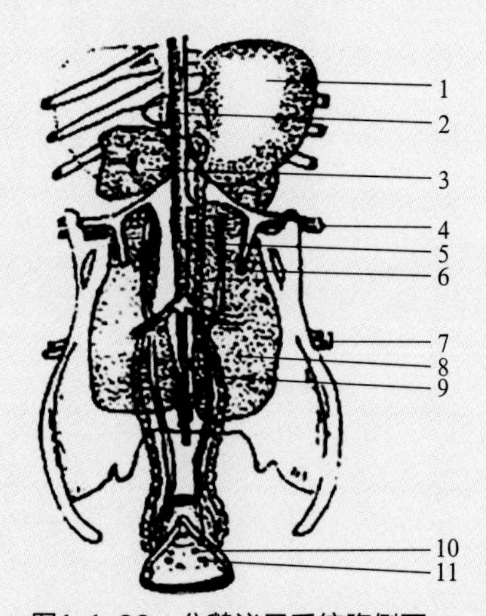

图1-1-23　公鹅泌尿系统腹侧面

1.睾丸　2.主动脉　3.肾前部　4.髂外动脉、静脉　5.肾中部　6.输尿管　7.坐骨动脉、静脉　8.肾后部　9.输精管　10.输尿管　11.输精管乳头

（金光明，1998）

6．生殖系统　鹅的雄性生殖系统（图1-1-24）包括睾丸、附睾、输精管和阴茎体（交配器官）。睾丸位于腹腔内，以系膜悬挂于肾脏的前腹侧，卵圆形，表面光滑。大小随年龄和季节变化。

鹅的雌性生殖系统包括卵巢和输卵管（图1-1-25）。右侧卵巢和输卵管已经退化，只有左侧发育充分和成熟。成年鹅的输卵管为一条长而弯曲的管道。

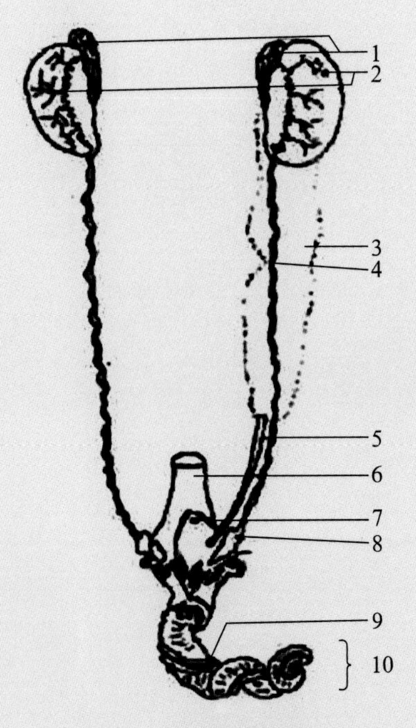

图1-1-24　雄性生殖系统

1.附睾　2.睾丸　3.肾　4.输精管　5.输尿管　6.直肠　7.泄殖腔　8.精囊　9.输精管　10.阴茎体
(Roger Buckland 与 Gérard Guy，2002)

图1-1-25　雌性生殖系统

1.卵泡　2.卵巢　3.漏斗部　4.输卵管　5.肾（左侧）　6.峡部　7.子宫部　8.直肠　9.阴道　10.泄殖腔
(Roger Buckland与Gérard Guy，2002)

7．内分泌系统　鹅的内分泌系统由脑垂体、松果体、肾上腺、甲状腺、甲状旁腺和腮后腺等组成。

8．被皮系统　鹅的被皮系统包括皮肤及其衍生物（喙、羽毛、蹼等）（图1-1-26～图1-1-29）。

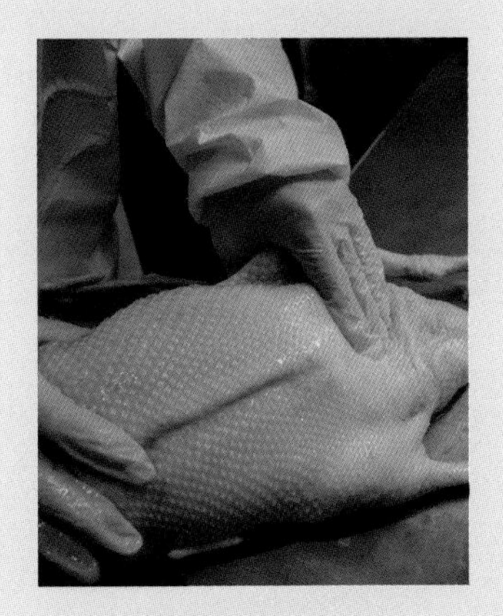

图1-1-26　皮肤

图1-1-27　喙

图1-1-28　羽毛

图1-1-29　蹼

三、病理学基础

（1）充血　指机体的局部或器官的血管内血液含量过多的现象（图1-1-30）。

（2）出血　指血液含红细胞在内的全部成分流出心血管之外，进入体外、体腔或组织间隙。血液流出体外叫外出血，进入体腔或组织内叫内出血（图1-1-31）。

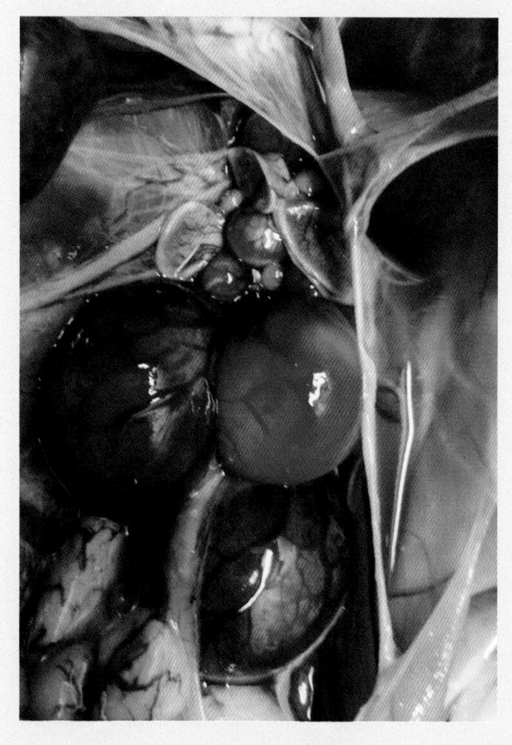

图1-1-30　充血

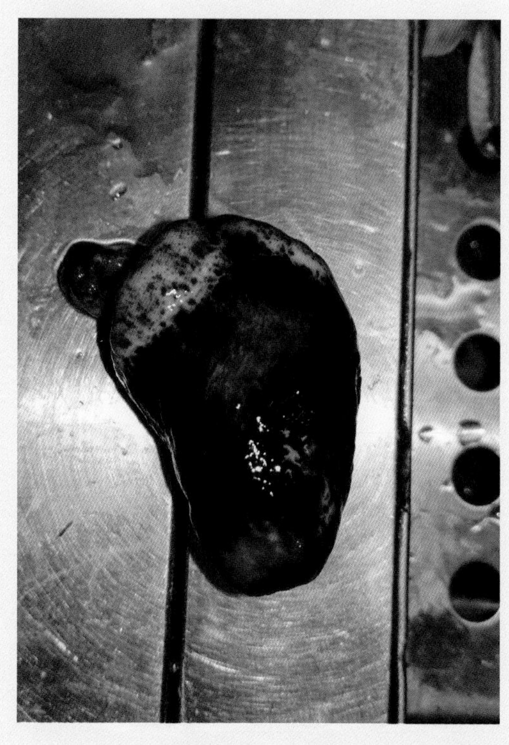

图1-1-31　出血

（3）变性　指细胞内或细胞间出现了正常情况下没有的物质或正常物质数量过多的现象。常见有颗粒变性、脂肪变性、水疱变性、透明样变和淀粉样变（图1-1-32）。

（4）坏死　指活体内局部组织细胞的死亡（图1-1-33）。

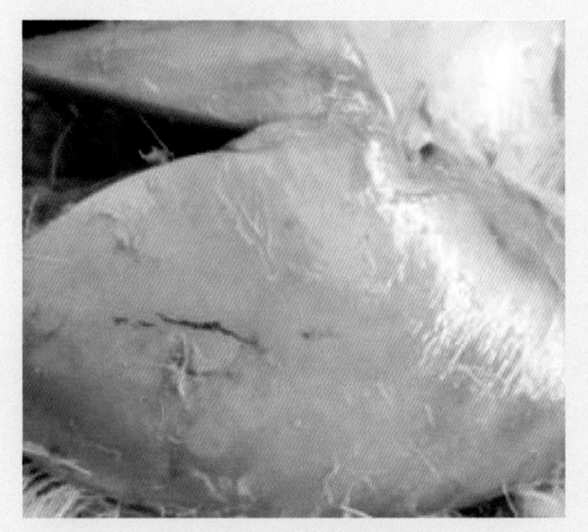

图1-1-32　肝脏脂肪变性

患病鹅肝脏肿大，边缘钝圆，呈灰色，质地极脆，有散在性灰白色粟粒大坏死点和出血斑

（王永坤等，2015）

图1-1-33　坏死

（5）水肿　局部组织水含量增多的现象。发生在腔隙叫做积水，发生在皮下叫做水肿（图1-1-34）。

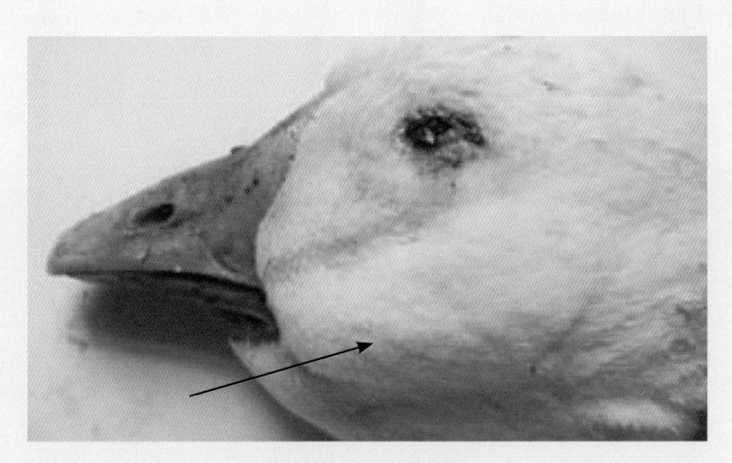

图1-1-34　水肿

（王永坤等，2015）

第二节　鹅屠宰检验检疫主要疫病的临床症状及病理变化

一、高致病性禽流感

禽流感是由A型流感病毒感染引起的家禽和野生禽类的高度接触性传染病，该病临床上可呈无症状感染、不同程度的呼吸道症状、产蛋率下降等。典型的症状及病理变化主要有头冠和肉髯紫黑色、呼吸困难、下痢、腺胃乳头和肌胃角膜下出血，器官组织广泛性出血、胰脏坏死、纤维素性腹膜炎等（图1-2-1～图1-2-4）。

图1-2-1　患病鹅心肌有大块灰白色坏死斑
（王永坤等，2015）

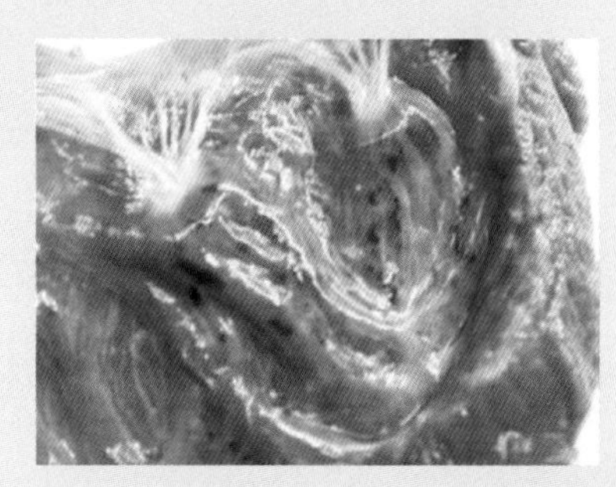

图1-2-2　患病成年鹅心内膜有鲜红条状和斑状出血
（王永坤等，2015）

图1-2-3　患病鹅肝脏肿大，有大小不一的出血斑，其中有大紫红色出血斑，心包积液
（王永坤等，2015）

图1-2-4　患病鹅肝脏肿大，有弥漫性出血斑点
（王永坤等，2015）

二、新城疫

新城疫，又称亚洲鸡瘟、伪鸡瘟等，被列为我国一类动物疫病，是由禽副黏病毒引起多种禽类发病的一种急性、高度接触性传染病。典型新城疫特征为发病急，呼吸困难，头冠紫黑，下痢，泄殖腔出血、坏死，腺胃乳头、腺胃和肌胃交界处以及十二指肠出血（图1-2-5～图1-2-10）；慢性病例常有呼吸道症状或神经症状。该病目前是养禽业最主要和最危险的疾病之一。

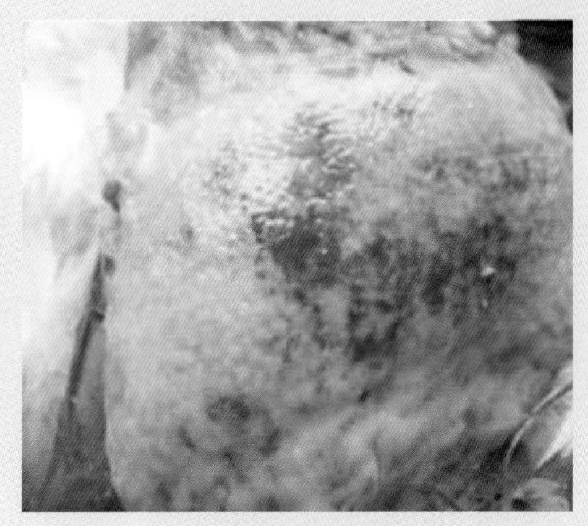

图1-2-5　患病鹅腺胃黏膜有鲜红出血点、出血斑
（王永坤等，2015）

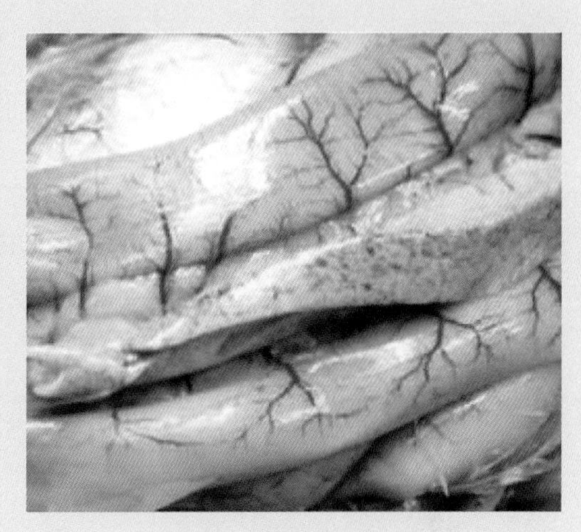

图1-2-6　患病鹅胰腺肿大，有弥漫性出血点
（王永坤等，2015）

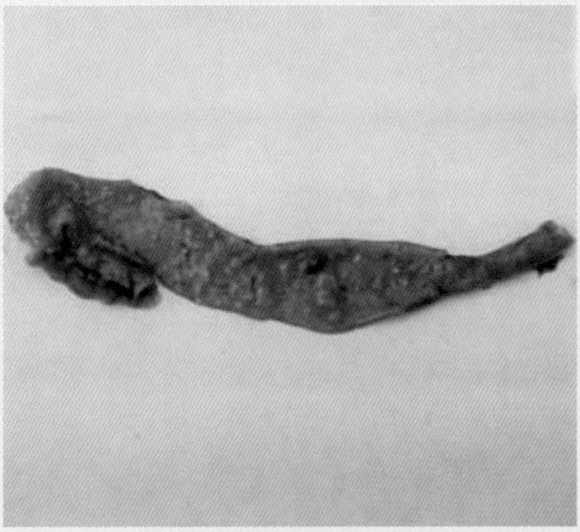

图1-2-7　患病鹅肠道黏膜有弥漫性淡黄色纤维素性结节
（王永坤等，2015）

图1-2-8　患病鹅肠道黏膜有坏死灶，病灶上附有灰黄色糠麸样坏死物
（王永坤等，2015）

图1-2-9 患病鹅脾脏肿大，表面及组织有大小不一的灰白色坏死灶
（陈国宏，2013）

图1-2-10 直肠和泄殖腔黏膜有弥漫性结痂病灶
（陈国宏，2013）

三、鸭瘟

鸭瘟是由鸭瘟病毒引起的鸭、鹅和其他雁形目禽类的一种急性、热性、败血性传染病，国外又将本病称为鸭病毒性肠炎，被我国列为二类动物疫病。本病流行范围广、传播迅速。鹅感染后临床症状特点是肿头、流泪，两脚麻痹，排绿色稀粪，体温升高。病变特征为食管有假膜性坏死性炎症，血管损伤，泄殖腔充血、水肿和坏死，肝有大小不等的出血点和坏死灶（图1-2-11～图1-2-16）。

图1-2-11 病鹅食道黏膜覆盖一层白色假膜，并有弥漫性大小不一、白色或黄白色坏死物形成的突出于表面结痂病灶
（王永坤等，2015）

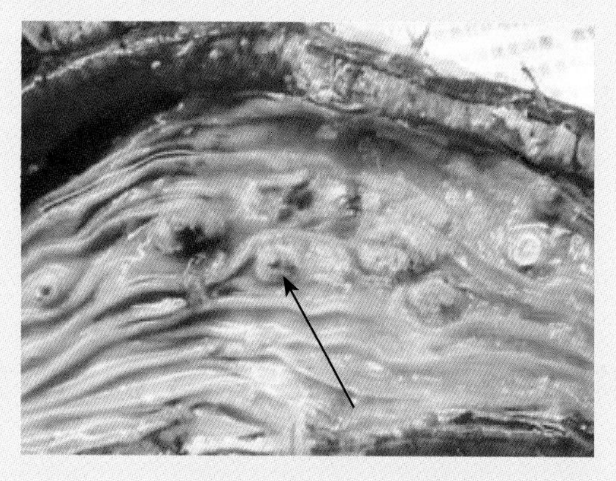

图1-2-12 患病鹅食道黏膜有散在性大小不一、灰黄色坏死物形成的突出于表面圆形或椭圆形结痂病灶
（王永坤等，2015）

图1-2-13　患病鹅肝脏有大小不一鲜红色和褐色出血斑
（王永坤等，2015）

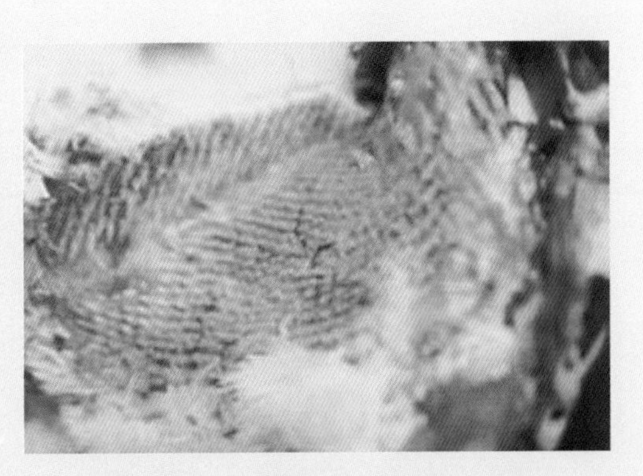

图1-2-14　患病鹅皮肤充血、出血
（王永坤等，2015）

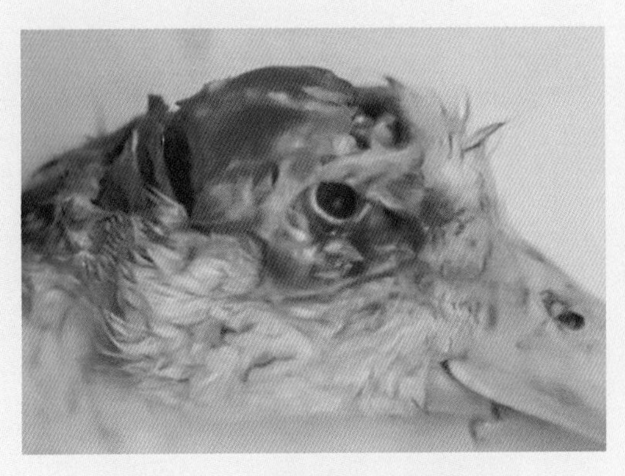

图1-2-15　病鹅流泪，眼睑水肿
（陈国宏，2013）

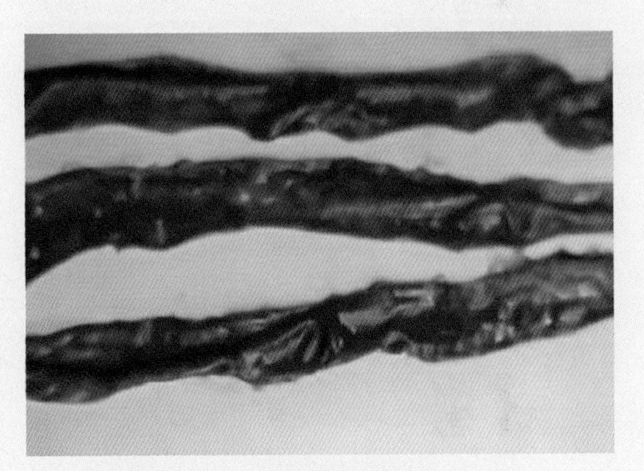

图1-2-16　肠道急性卡他性炎症
（陈国宏，2013）

四、禽结核病

禽结核病是由禽分支杆菌感染多种禽类引起的一种慢性传染病，被我国列为三类动物疫病。所有品种的禽类对禽分支杆菌均易感，但因本病的病程发展缓慢，临床发病的多见于老龄禽，早期不见明显症状，病禽呈进行性的体重减轻，并在肝、肺、脾和肠管等多种组织器官形成不规则的灰黄色或灰白色、大小不等的结核结节，病程较长的结节中心呈干酪样坏死。

五、禽痘

禽痘是禽痘病毒引起的家禽（鸡、火鸡和鸽最常见）和鸟类的一种高度接触性传染病，以体表无羽毛部位出现散在的、结节状的增生性皮肤病灶为特征（皮肤型）

（图1-2-17、图1-2-18），也可表现为上呼吸道、口腔和食管部黏膜的纤维素性坏死性增生病灶（白喉型）。该病在鹅群偶有发生。

图1-2-17 病鹅喙部前上方有突起肿块，表面形成高低不平、呈花斑状的结痂
（崔治中，2010）

图1-2-18 病鹅小腿部皮肤有较小的肿块，表面干燥、容易脱落
（崔治中，2010）

第三节 鹅屠宰检验相关品质异常肉

一、气味、滋味异常肉

（1）气味、滋味异常 肉的气味和滋味异常在屠宰后和保藏期间均可出现，主要有饲料气味、药物气味、病理性气味、变质气味等。其原因主要有因食用特殊浓郁气味的饲料，在生前被灌服或注射具有芳香气味或其他异常气味的药物，长期饲喂被农药污染的牧草，在宰前患有某些疾病，胴体置于具有异味的环境或肉品在贮存、运输或销售过程中发生自溶、腐败或脂肪氧化等。

（2）检验 可以利用嗅觉进行气味的感官检验，判断有无异味；也可以作煮沸后肉汤实验，检验肉汤的气味和滋味（图1-3-1～图1-3-3）。

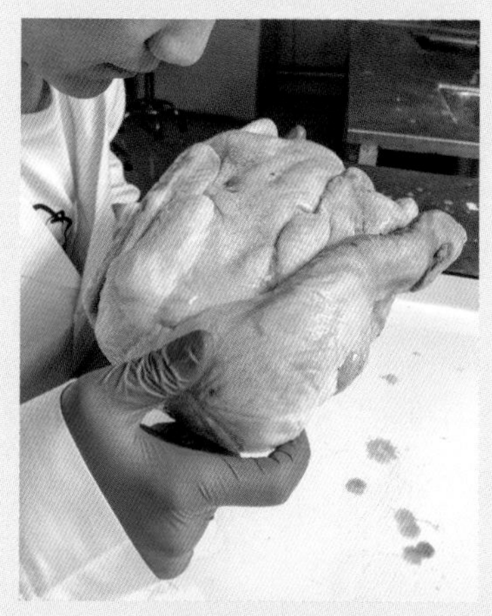

图1-3-1 鹅肉的气味检验（示例）

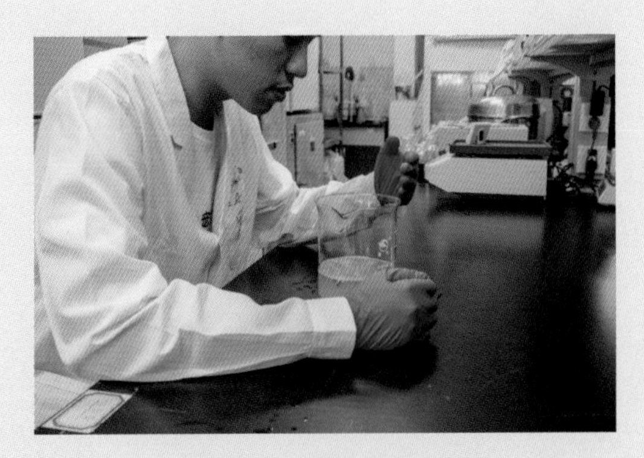

图1-3-2 鹅肉的肉汤检验

图1-3-3 腐败肉的检验

二、注水肉

（1）注水肉 注水通常是指向胴体肌肉或体腔注入水或其他物质。鹅肉在注水或其他物质后容易腐败变质，品质下降，食用安全性降低。

（2）检验 可以通过视检、触检、剖检，检查鹅肉的色泽、质地、弹性和切面状态。冻鹅肉解冻初期在肌肉丰满处和体腔可见冰块，解冻后切面有血水流出（图1-3-4～图1-3-6）。

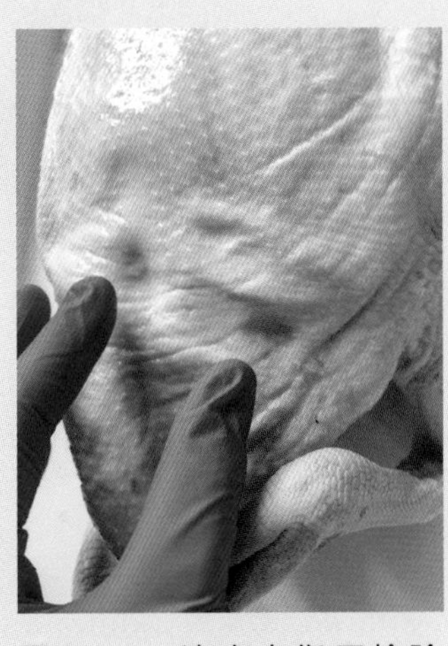

图1-3-4 注水肉指压检验（示例）

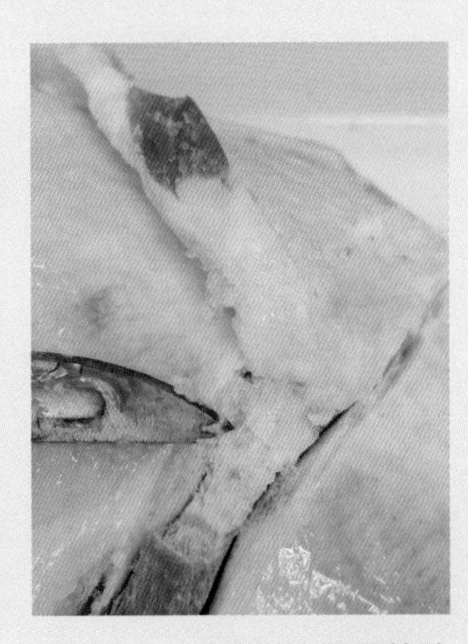

图1-3-5 注水鹅肉切面检验（示例）

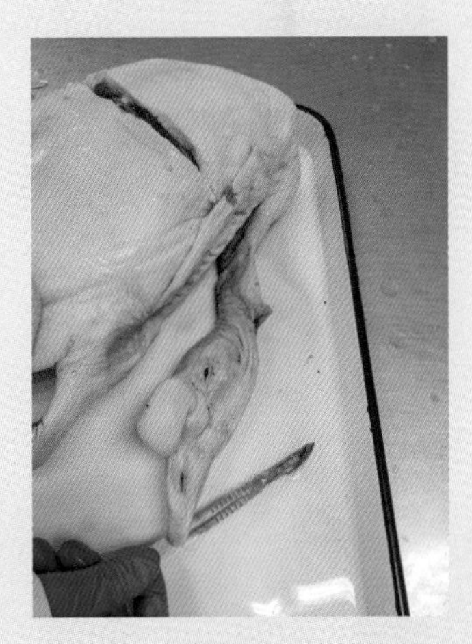

图1-3-6 注水鹅肉切面检验（示例）

三、病变组织器官

组织器官病变常见的有出血、水肿、败血症、蜂窝织炎和脓肿等。

（一）出血

出血指血液从心脏和血管内流出至组织间隙、体腔或体表。常可见病理性出血、机械性出血、呛血等情况。

（1）病理性出血常见于传染性疾病造成的皮肤、黏膜、皮下、肌肉和脏器的出血性变化（图1-3-7、图1-3-8）。

（2）机械性出血常见于外伤、骨折等引起的新鲜出血（图1-3-9）。

图1-3-7　咽喉病理性出血

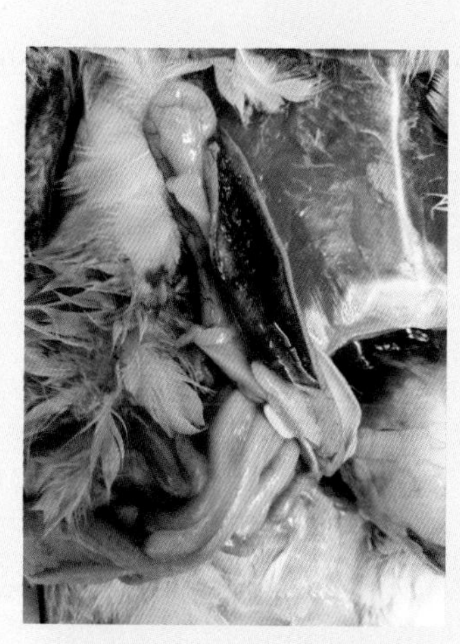

图1-3-8　肠道病理性出血

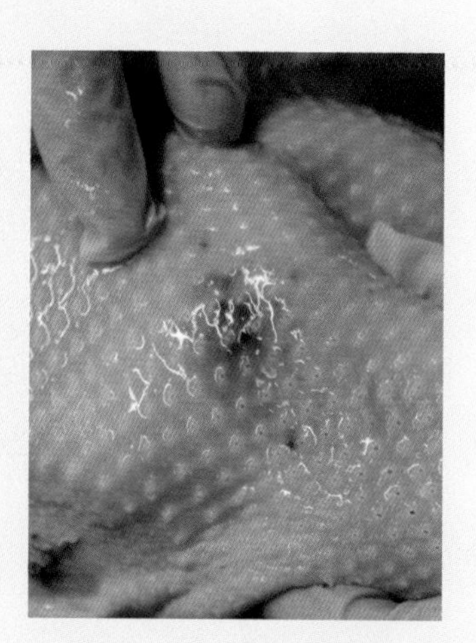

图1-3-9　机械性出血

（二）水肿

水肿指等渗性体液在细胞间隙积聚过多致使组织内液体含量增加（图1-3-10），在屠体上任何部位发现水肿时，应判明是炎性水肿还是非炎性水肿。

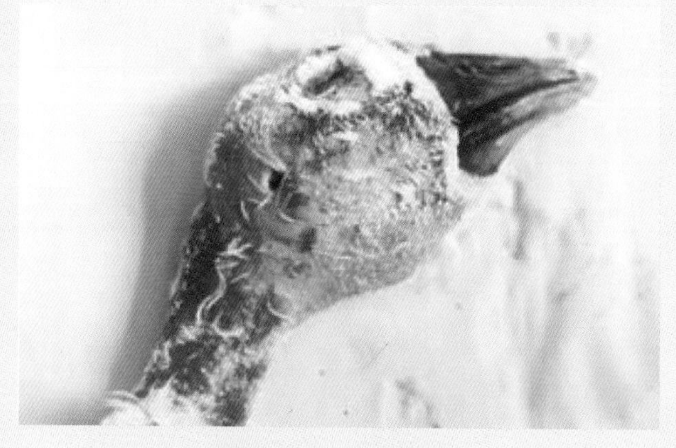

图1-3-10　皮下水肿
（王永坤等，2015）

（三）败血症与脓毒败血症

（1）败血症

败血症指血液内病原菌大量繁殖并产生毒素引起全身出血和组织损伤的病理过程（图1-3-11、图1-3-12）。败血症通常无特异性病变，一般表现为凝血不良，皮肤，全身浆膜、黏膜、淋巴结和实质器官充血、出血、水肿。常见于传染病、感染性疾病。

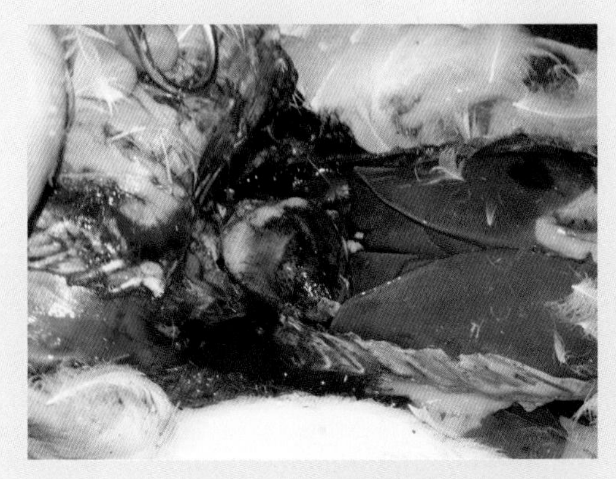

图1-3-11　心脏败血症病变

图1-3-12　肠道败血症病变

（2）脓毒败血症

脓毒败血症指血液内出现化脓性细菌而引起的败血症。化脓菌首先在局部感染引起化脓性炎症，而后在血液内大量繁殖，扩散到全身各组织器官，形成多发性转移性化脓病灶（图1-3-13）。

图1-3-13　脓毒败血症

（四）蜂窝织炎

蜂窝织炎指皮下或肌间组织疏松结缔组织发生的一种弥散性化脓性炎症过程。发生部位常见于皮下、黏膜下、筋膜下、软骨周围、腹膜下及食管和气管周围的疏松结缔组织，严重时能引起脓毒败血症。

若为局限性病灶，不妨碍肉食卫生的，只切除病变部分销毁，其余部分不受限制出场。若病变范围大，淋巴结有病变，肝、肾变性，胴体放血不良，说明疾病已发展为全身性，胴体、内脏须全部化制或销毁。

（五）脓肿

脓肿是指组织内发生局限性化脓性炎症，其特征为圆球形或近圆球形，外有灰白色包膜，内有黄白色或黄绿色脓汁（图1-3-14）。对无包囊而周围炎症反应明显的新脓肿，如果是转移来的，则表明是脓毒败血症。

脓肿形成包囊的，将脓肿区割除，其余部分不受限制出厂；若脓肿不能割除或脓肿数量较多时，则整个器官或胴体须化制或销毁。多发性新鲜脓肿，或脓肿具有不良气味的，须将整个器官或胴体化制或销毁。

图1-3-14 脓肿

第四节 鹅屠宰工艺流程、消毒及人员防护要求

一、鹅屠宰工艺流程及卫生要求

（一）鹅的屠宰加工工艺流程及检验检疫点

鹅的屠宰加工工艺流程及检验检疫点见图1-4-1，其中检验检疫点分别为活鹅入厂后的宰前检验检疫、拔小毛后的宰后检验检疫和解体分割前的复检。

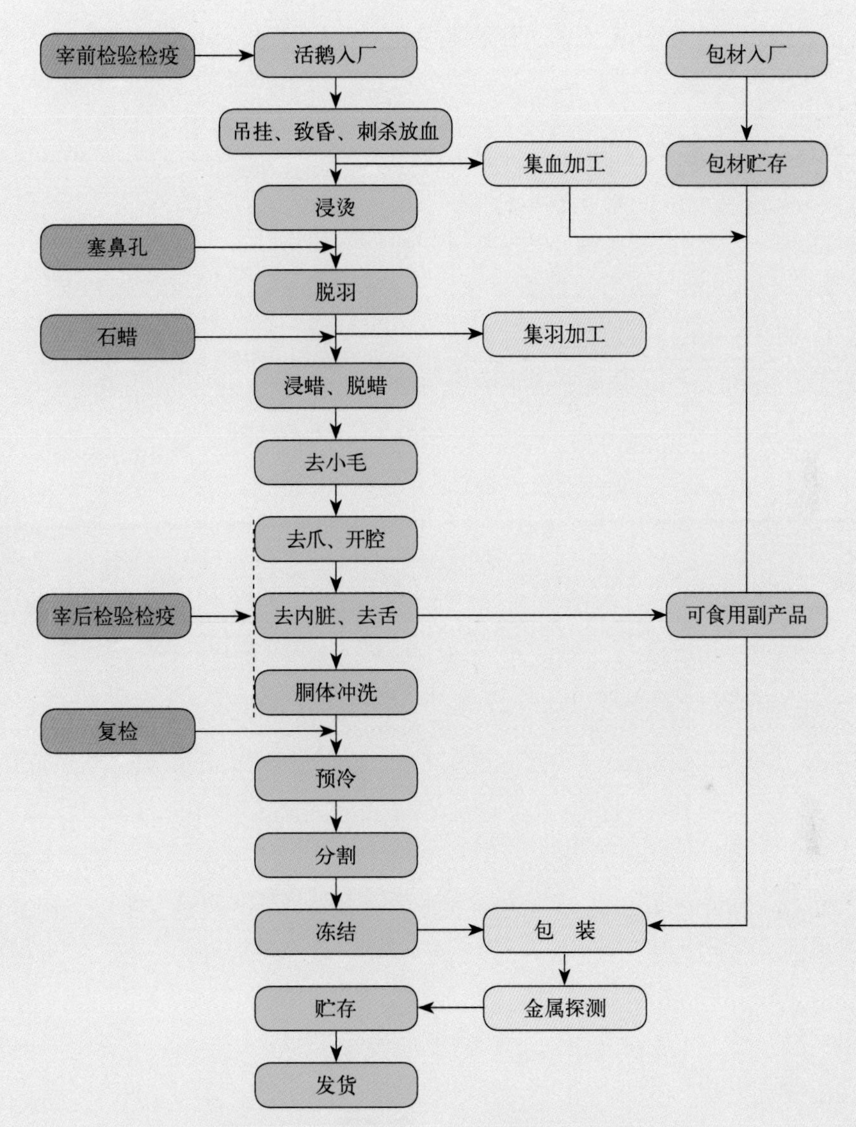

图1-4-1　鹅的屠宰工艺流程及检验检疫点

1．吊挂　将鹅从笼中提出，双手握住跗关节将鹅倒挂于挂具上（图1-4-2）。

2．致昏　将鹅麻电致昏（图1-4-3），避免其过度挣扎导致的翅部损伤、瘀血或折断以及体能消耗，从而影响产品品质。世界动物卫生组织（OIE）推荐了鹅屠宰麻电致昏的标准，其波型/频率为AC/50Hz，致昏时间为4s，最低电流强度为130mA。

图1-4-2 吊挂

图1-4-3 致昏

3．放血 可以采用口腔或颈部放血的方法处死。颈部放血可将颈部的血管、气管和食管一起整齐切断（图1-4-4）。放血后沥血时间为3～5min（图1-4-5、图1-4-6）。

图1-4-4 放血

图1-4-5 沥血（1）

图1-4-6 沥血（2）

（陈国宏，2013）

4．烫毛 烫毛可以采用人工烫毛和机械自动烫毛（图1-4-7、图1-4-8）水温一般控制在58～62℃，可根据脱毛后鹅体表面颜色和分割后的肌肉颜色和工艺要求调整水温，时间一般控制在2～3min。

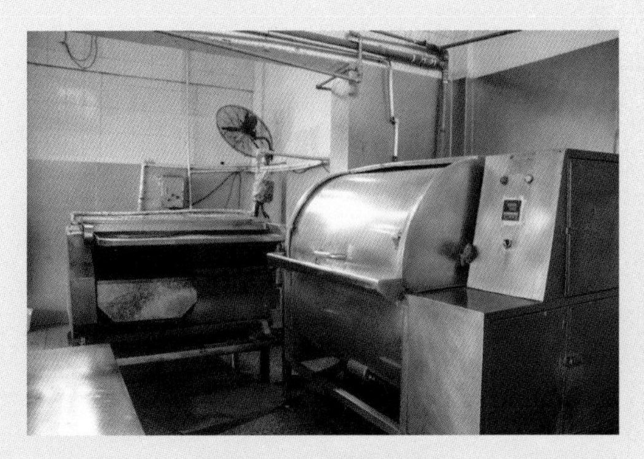

图1-4-7　烫毛设备

图1-4-8　自动烫毛设备

5．脱毛　为保证脱毛效果和对鹅毛的利用，鹅屠宰通常为机械脱毛结合手工脱毛（图1-4-9～图1-4-11）。机械脱毛时应注意观察脱毛机的工作状态，及时更换脱毛胶棒等配件。

图1-4-9　浸烫脱毛
（陈国宏，2013）

图1-4-10　机械脱毛

图1-4-11　手工脱毛

6．浸蜡、脱蜡　浸蜡时要保持蜡液温度稳定，避免温度过高或过低：温度过高蜡壳过薄，会导致脱毛不完全且易烫坏鹅体；温度过低蜡壳过厚，脱毛效果差。一般要浸蜡2～4次。剥蜡时可机械脱蜡结合手工脱蜡以保证脱蜡效果（图1-4-12～图1-4-14）。

图1-4-12　机械浸蜡、脱蜡

图1-4-13　手工脱蜡（1）

图1-4-14　手工脱蜡（2）

7．拔小毛　将鹅置于水中将体表小毛拔除干净（图1-4-15），并经专职检验人员检验，保证拔毛效果良好，毛净度合格。

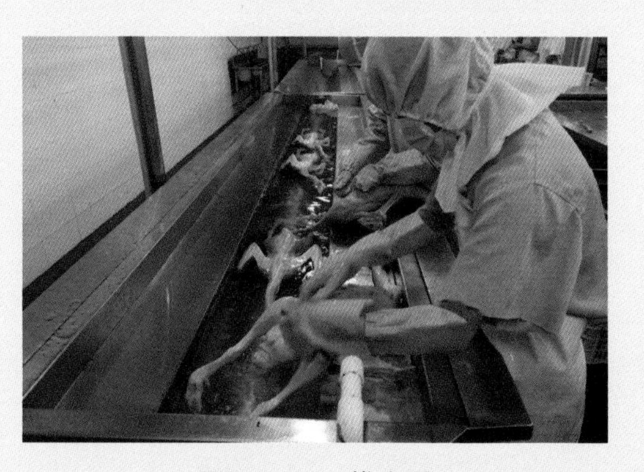

图1-4-15　拔小毛

8．掏膛　一般有全净膛和半净膛两种方式。全净膛是指从胸骨末端至肛门中线切开腹壁或从右胸下肋骨处开口，除保留肺和肾脏外，将其余脏器全部取出。半净膛仅将全部肠管拉出，其他脏器仍留于体腔内。为避免污染，所使用工具每10min消毒一次；如果划破鹅肠道或胆囊，污染工具应立即更换（图1-4-16～图1-4-19）。

图1-4-16　掏膛（1）

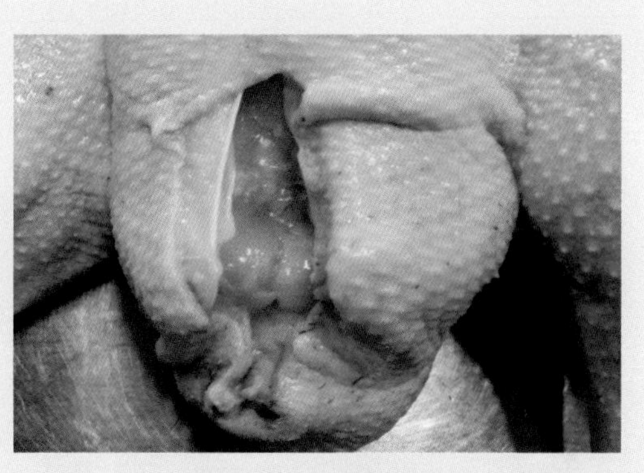

图1-4-17　掏膛（2）

图1-4-18　掏膛（3）

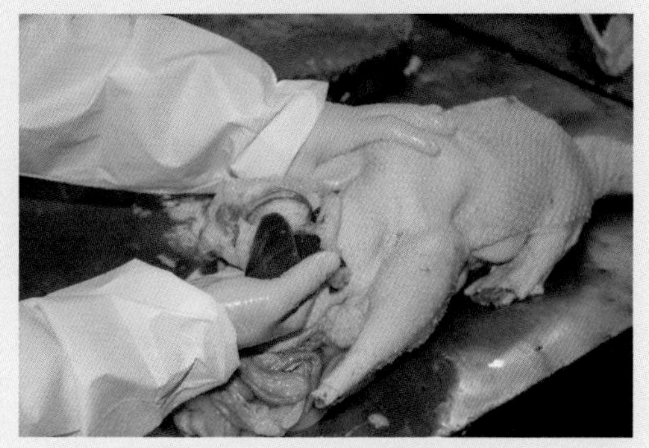

图1-4-19　掏膛（4）

9．冲洗　及时冲洗体表及体腔，除去可见污物（图1-4-20、图1-4-21）。要保持水量充足、水压正常，冲洗效果明显，无肉眼可见污物。

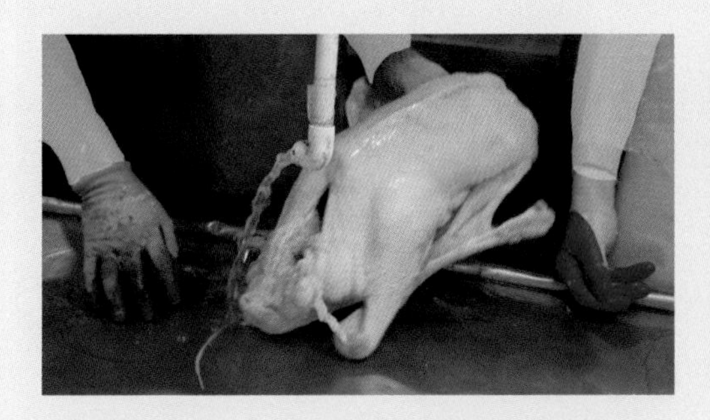

图1-4-20　冲洗除去体表和体腔的污物

图1-4-21　整体清洗
（陈国宏，2013）

10．屠宰检验检疫

（1）净膛后由专职人员负责对开膛不当或掏膛不当造成污染的鹅只逐只检查（图1-4-22），及时剔除污染鹅只，并置于消毒桶处理。

（2）发现脏器病变或明显放血不良的鹅只，应及时剔除，集中做无害化处理。

图1-4-22 宰后检验检疫

11．预冷 预冷池水温应低于4℃，冷却后胴体中心温度应在4℃以下（图1-4-23、图1-4-24）。

图1-4-23 胴体预冷

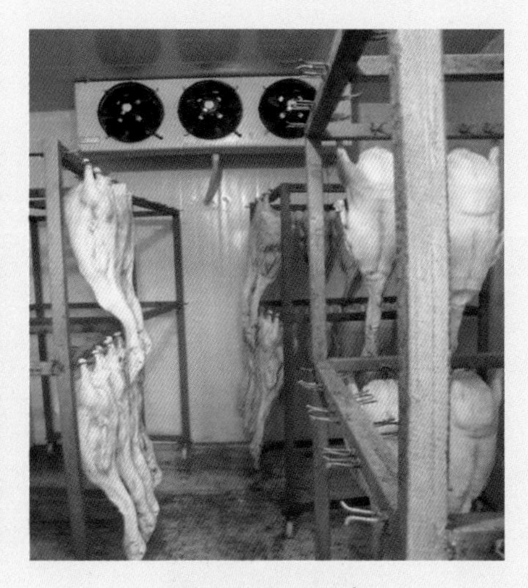

图1-4-24 预冷
（陈国宏，2013）

12．分割　预冷后的胴体按照客户的要求，分别整只包装或按要求分割。

13．冻结　包装后的产品应及时入库，进行冻结处理（图1-4-25～图1-4-26），冻结设施温度控制在−28℃以下；也可根据生产需要做冰鲜处理（−2～0℃）（图1-4-27～图1-4-28）。

图1-4-25　速冻机

图1-4-26　速冻库

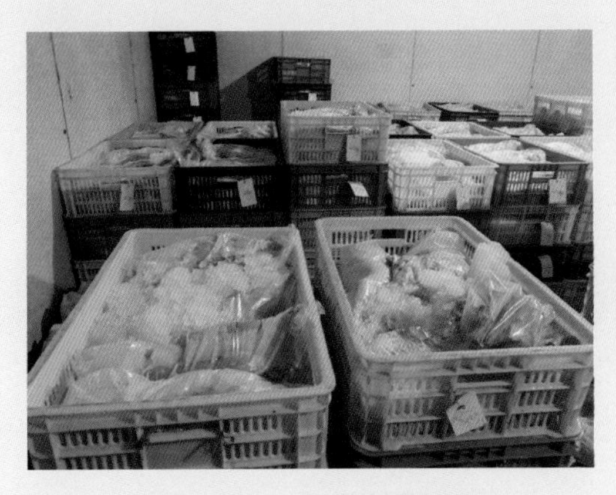

图1-4-27　包装冰鲜产品

图1-4-28　冰鲜产品

二、消毒及人员防护要求

（一）消毒

1．消毒的种类

（1）预防性消毒　指平时对可能被病原体污染的设施设备和场所施行的消毒。例如，鹅舍和活动场地，饲养用具，饮水，屠宰场（厂）、食品加工厂的器械，加工人员的手臂和工作衣帽，屠宰场（厂）、畜产品加工厂污水和废料，毛皮原料等。

（2）随时消毒　指在传染源存在的疫源地进行随时、多次的消毒。消毒的对象包括传染源所在的鹅舍、隔离场地以及被传染源分泌物、排泄物污染和可能污染的一切场所、用具和物品。

（3）终末消毒　指在传染源解除隔离、痊愈或死亡后，或者在疫区解除封锁之前，对可能残留的病原体进行的全面彻底的大消毒。

2．消毒的方法　常用的消毒的方法有机械性清除、物理消毒、生物热消毒和化学消毒。

（1）机械性清除和物理消毒　屠宰加工企业在日常清洁扫除的基础上，对地面、墙壁、排水沟、台桌，各种设备、用具、器械，工作衣、帽、手套、围裙、胶靴等必须彻底洗涮，再用82℃以上的热水洗涮。对装运过健康鹅的车船等运输工具，在进行一般的机械清除后，用60～70℃的热水冲洗消毒，对肉品检验室等可采用紫外线消毒（图1-4-29、图1-4-30）。

图1-4-29　清水洗涮，82℃热水洗涮消毒

图1-4-30　紫外线消毒

（2）生物热消毒　常用于患病畜禽的污染物和粪便处理。

（3）化学消毒

①化学消毒剂　最常用的消毒方法是用化学药品进行消毒。在选择化学消毒剂时，应选择对病原体的杀灭力强、对人和鹅的毒性小、不损害被消毒的物品、易溶于水、在消毒的环境中比较稳定、不易失去消毒作用、价廉易得和使用方便的消毒剂。屠宰加工企业常用的化学消毒剂的种类及其用法用途见表1-4-1。

表1-4-1　屠宰加工企业常用的化学消毒剂的种类及其用法用途

种类	药品名称	用法	使用范围
卤素类	漂白粉	取5～20份漂白粉，加水80～95份，搅拌成乳剂	多用于地面、墙壁以及鞋靴消毒池和厂区出入口消毒池
	次氯酸钠	将原液加水稀释至0.2%～4%溶液使用	地面、墙壁用2%～4%溶液喷洒消毒，各种设备用0.2%～0.5%溶液喷洒消毒或浸泡消毒
醇类	70%～75%乙醇	将无水乙醇加水稀释至70%～75%	工具器械、人员手部的浸泡或擦拭消毒等
表面活性类	苯扎溴铵（新洁尔灭）	将5%原液加水稀释成0.1%溶液使用	常用于手、工具、设备和容器的消毒
碱类	石灰水	生石灰20份，加水100份	用于鹅舍、墙面、地面、隔板和非金属栏舍的消毒。加入1%烧碱效果更好
氧化类	过氧乙酸	0.1%～0.5%	用于地面、墙壁、场地、空气和非金属栏舍的消毒
	高锰酸钾	1:（2000～5000）（体积分数）溶液	设备及圈舍、生产区、冷库、库房等环境的喷洒、熏蒸消毒等
	过氧化氢	1.5%～3%	设备、工具的浸泡、喷洒消毒，圈舍、生产区、冷库、库房等环境的喷洒、熏蒸消毒等
酚类	苯酚、甲酚	≤5.0%	用于物体表面和织物等消毒
	对氯间二甲苯酚、三氯羟基二苯醚	≤2.0%	用于卫生洗手、皮肤、物体表面和织物等消毒
醛类	甲醛	5～15mL/m³	生产区、冷库、库房等环境的熏蒸消毒
	戊二醛	1%～4%	地面和用具等的喷洒、浸泡和擦拭消毒
烷化剂类	环氧乙烷	800～1000mg/L，在密闭的环氧乙烷灭菌器内进行	可用于不能用消毒剂浸泡，干热、压力、蒸汽及其他化学气体灭菌之物品的消毒
碘类	碘酊、碘伏	0.5%～2.0%	人员、刀具等的擦拭消毒

②化学消毒的方式　在进行化学消毒之前，应尽可能使用机械性清除和物理消毒方式消除大部分污物和病原体，化学消毒的方式有浸泡法、喷雾（洒）法、擦拭法、熏蒸法等，屠宰加工企业可以用于进出场车辆、厩舍、生产区、车间、用具、器械、人员、工作衣帽及胶靴等的消毒。

A．浸泡法　常用于工具、器材、工作人员手部、胶靴及进出场车辆的消毒（图1-4-31～图1-4-33）。

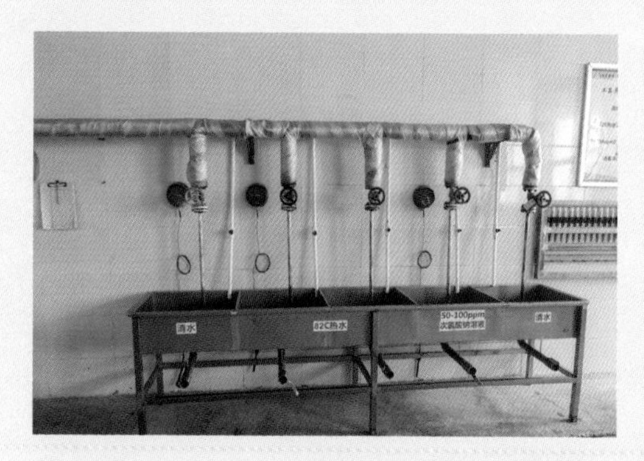

图1-4-31　清水、热水冲洗、消毒剂浸泡池

图1-4-32　工具、器材浸泡消毒

图1-4-33　进出场车辆浸泡及喷淋消毒池

B. 喷雾（洒）法　常用于进出场车辆、鹅舍、车间、工具、器材、人员及工作衣帽等的消毒（图1-4-34、图1-4-35）。

图1-4-34　工作间地面消毒

图1-4-35　进出场车辆消毒

C．擦拭法　用于地面、物体表面的消毒（图1-4-36）。

图1-4-36　工作台面消毒

D．熏蒸法　用于密闭的贮存间、冷库、管道，以及不能用消毒剂浸泡、干热、压力、蒸汽及其他化学气体灭菌之物品的消毒。

（二）人员卫生及防护要求

（1）企业应按照《食品安全国家标准　畜禽屠宰加工卫生规范》（GB 12694—2016）的要求，在厂区、车间、更衣室、洗手和卫生间，设立相应的清洁消毒设施（图1-4-37）。

图1-4-37 洗手、消毒、干手设备

①在车间入口处、卫生间及车间内适当的地点应设置与生产能力相适应的，配有适宜温度的洗手设施及消毒、干手设施。洗手设施应采用非手动式开关。洗手设施的排水应直接接入下水管道。

②应设有与生产能力相适应并与车间相接的更衣室、卫生间、淋浴间，其设施和布局不应对产品造成潜在的污染风险。

③不同清洁程度要求的区域应设有单独的更衣室，个人衣物与工作服应分开存放。

④淋浴间、卫生间的结构、设施与内部材质应易于保持清洁消毒。卫生间内应设置排气通风设施和防蝇防虫设施，保持清洁卫生。卫生间不得与屠宰加工、包装

或贮存等区域直接连通。卫生间的门应能自动关闭，门、窗不应直接开向车间。

⑤生产车间入口及车间内必要处，应按需设置换鞋（穿戴鞋套）设施或工作鞋靴消毒设施，其规格尺寸应能满足消毒需要。

⑥病畜禽隔离间、无害化处理车间的门口，应设车轮、鞋靴消毒设施。

（2）直接接触包装或未包装的产品、产品设备和器具、产品接触面的操作人员，应经体检合格，取得所在区域医疗机构出具的健康证后方可上岗，每年应进行一次健康检查，必要时做临时健康检查。凡患有影响产品安全的疾病者，应调离产品生产岗位。

（3）从事产品生产加工、检疫检验和管理的人员应保持个人清洁，不应将与生产无关的物品带入车间；工作时不应戴首饰、手表，不应化妆；进入车间时应洗手、消毒并穿着工作服、帽、鞋，离开车间时应将其换下（鞋靴消毒请参见图1-1-13）（图1-4-38～图1-4-40）。

（4）不同卫生要求的区域或岗位的人员应穿戴不同颜色或标志的工作服、帽。不同加工区域的人员不应串岗。

（5）企业应配备相应数量的检疫检验人员。从事屠宰、分割、加工、检验和卫生控制的人员应经过专业培训并经考核合格后方可上岗。

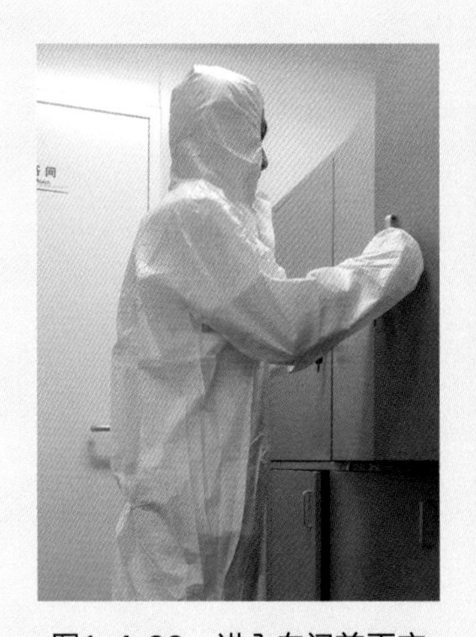

图1-4-38　进入车间前更衣

图1-4-39　进入车间前洗手

图1-4-40　手部浸泡消毒

第二章

宰前检验检疫图解

第一节　鹅接收过程中的检验检疫

一、查证验物

鹅从产地运入屠宰场（厂、点）后，在卸车或船前，首先检查产地出具的《动物检疫合格证明》是否符合要求（图2-1-1）。如图2-1-1所示，动物检疫合格证明应填写货主信息，动物种类、数量及单位、用途，启运地点、到达地点[屠宰场（厂）]、签发日期等。

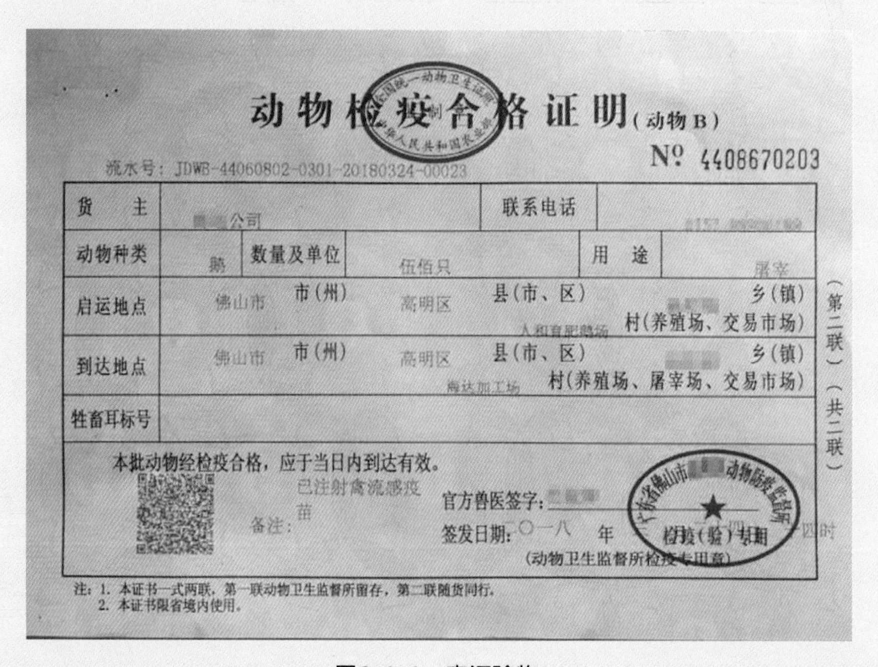

动物检疫合格证明（动物B）

No 4408670203

流水号：JDWB-44060802-0301-20180324-00023

货　主	公司			联系电话	
动物种类	鹅	数量及单位	伍佰只	用　途	屠宰
启运地点	佛山市 市（州） 高明区 县（市、区） 乡（镇） 人和育肥鹅场 村（养殖场、交易市场）				
到达地点	佛山市 市（州） 高明区 县（市、区） 乡（镇） 鹅达加工场 村（养殖场、屠宰场、交易市场）				
牲畜耳标号					

本批动物经检疫合格，应于当日内到达有效。

备注：已注射禽流感疫苗

官方兽医签字：

签发日期：二〇一八 年 月 日

（动物卫生监督所检疫专用章）

（第二联）（共二联）

注：1. 本证书一式两联，第一联动物卫生监督所留存，第二联随货同行。
2. 本证书限省境内使用。

图2-1-1　查证验物

二、询问

询问货主，了解鹅运输过程中的有关情况，并核对种类及数目（图2-1-2、图2-1-3）。

图2-1-2 询问运输情况

图2-1-3 核对种类及数目

三、临床检查

卸车过程中，注意观察鹅的精神状况、外貌、呼吸状态及排泄物状态等（图2-1-4、图2-1-5）。无异常的，按产地分类将健康鹅送入待宰圈休息，禁止将不同货主、不同批次的鹅混群。

图2-1-4 异常鹅只检查

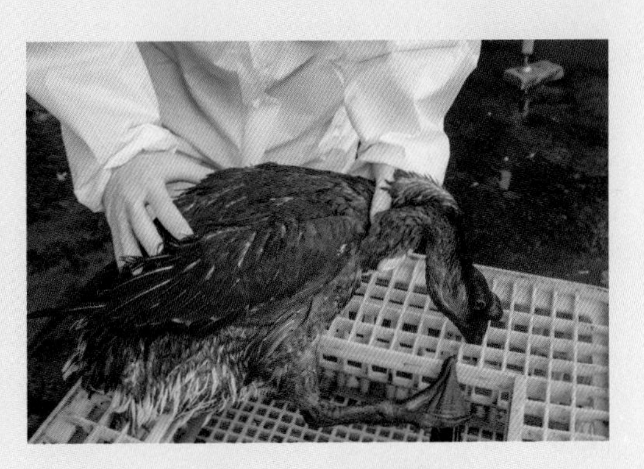

图2-1-5 随机检查

第二节 鹅待宰期间的检验检疫

一、群体检查

将来自同一地区、同一运输工具、同一圈舍的鹅作为一群进行健康检查。观察鹅群精神状况、外貌、呼吸状态、运动状态、饮水饮食情况及排泄物状态等有无异常。健康鹅精神饱满活跃，羽毛紧贴，活泼好动，步态有力，行动敏捷；而病鹅精神萎靡，羽毛松乱，反应迟钝，体质消瘦，弯颈拱背，行动缓慢，步伐不稳。如果发现病鹅或者可疑患病鹅，做好标记，以便于进行个体检查。群体检查主要进行下述“三态”的检查。

（一）静态检查

注意有无羽毛松乱、精神沉郁、严重消瘦、反应迟钝、曲颈斜头、站立不稳、呼吸困难、昏睡等异常状态（图2-2-1、图2-2-2）。

图2-2-1　静态检查

图2-2-2　病鹅站立不稳

（二）动态检查

驱赶鹅群，注意有无行走困难、共济失调、步态不稳、离群掉队、跛行、瘫痪、翅下垂等异常现象（图2-2-3）。

图2-2-3　动态检查

（三）饮水及排泄物检查

停食静养期间观察鹅群饮水情况，有无不饮、吞咽困难等异常现象，并检查排泄物的色泽、气味、质地等（图2-2-4、图2-2-5）。

图2-2-4 饮水检查

图2-2-5 排泄物检查

二、个体检查

个体检查是针对群体检查时发现的异常个体和随机抽取的鹅只（60～100只/车），逐只逐个进行健康检查。主要通过视诊（看）、触诊（摸）和听诊（听）等方法，检查鹅个体精神状态、体温、活动、呼吸、肢体、羽毛、皮肤、天然孔等有无异常。

（一）视诊

逐只逐个肉眼检查鹅的精神状态、头部、肢体、羽毛、可视黏膜、眼结膜、天然孔、鹅掌及排泄物等有无异常（图2-2-6～图2-2-10）。健康鹅眼睛干净，灵活有神，四处张望；病鹅眼睛无神或闭眼，眼结膜潮红或浑浊不清，缩颈。健康鹅的嘴清洁干净，呼吸自然；病鹅不断张嘴，呼吸急促，有的口流涎，鼻孔流涕。健康鹅的羽毛整齐，光泽均匀，翅膀自然紧贴身体；病鹅羽毛松散，光泽暗淡，翅膀无力收拢而下垂。健康鹅肛门周围干净无污迹、黏液；病鹅肛门周围有绿色或白色污迹、黏液或粪便污染。健康鹅的嗉囊不膨胀；病鹅的嗉囊常因积食而发硬，膨胀产生气体，倒提时常口鼻流涎。

图2-2-6 精神状态、肢体、羽毛检查

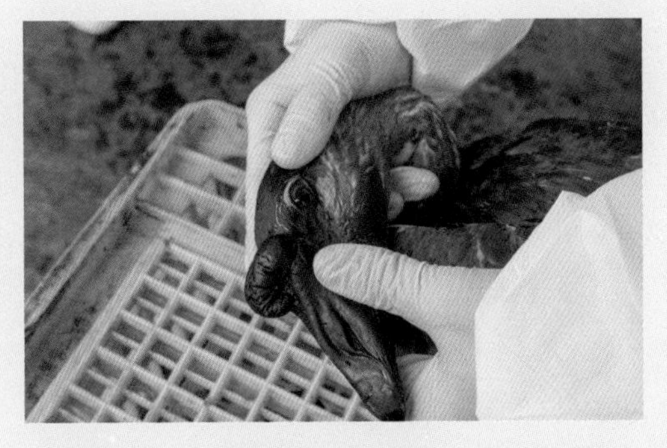

图2-2-7 可视黏膜、眼结膜、天然孔检查

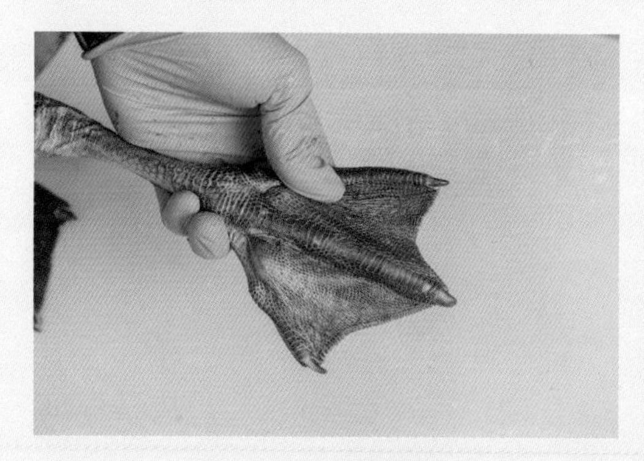

图2-2-8 鹅掌检查

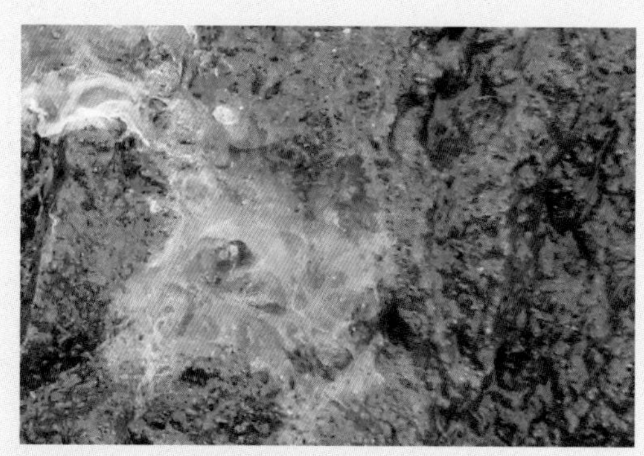

图2-2-9 排泄物检查

图2-2-10 体表损伤

（二）触诊

逐只触摸检查鹅的头部、体表、羽毛、体温等有无异常（图2-2-11、图2-2-12）。健康鹅头部肌肉丰满，鹅头伸缩富有弹性，拍鹅时有叫声；病鹅头部消瘦，拍鹅时无叫声。病鹅常体温升高，掌、腹下等部位有肿胀、结节等。

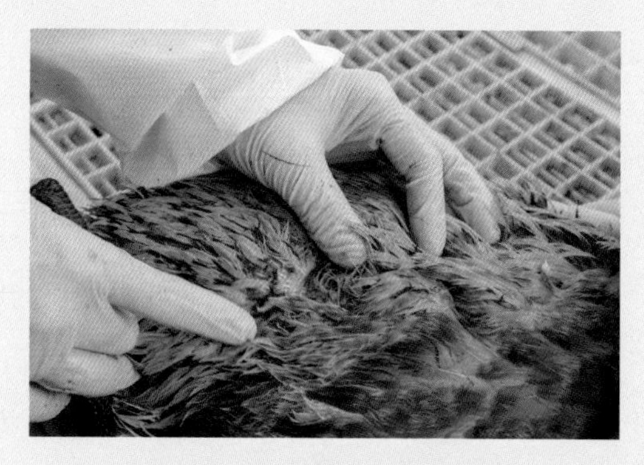

图2-2-11 体温、体表检查

图2-2-12 用手触摸鹅掌、腹下等部位，注意有无肿胀、结节等异常

（三）听诊

听鹅的叫声和呼吸状况（图2-2-13、图2-2-14）。健康鹅的叫声长而响亮；病鹅叫声无力、短促而嘶哑，如有咳嗽、打喷嚏、呼吸困难可能是感染新城疫、禽流感或支原体等呼吸道疾病的症状。

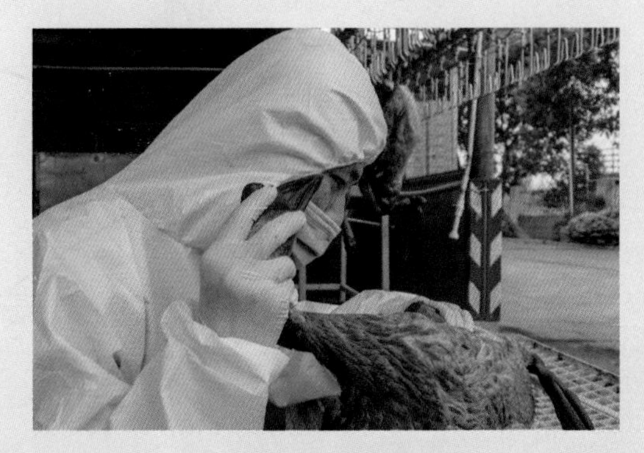

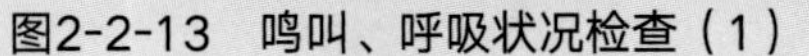

图2-2-13 鸣叫、呼吸状况检查（1）

图2-2-14 鸣叫、呼吸状况检查（2）

三、宰前重点检查疫病的主要症状

宰前检查应重点针对高致病性禽流感、新城疫、鸭瘟、禽结核和鹅痘等疫病，这些疫病在临床上主要的特征见表2-2-1及图2-2-15～图2-2-28。

表2-2-1 宰前重点检查疫病的主要症状

检查项目	高致病性禽流感	新城疫	鸭瘟	禽结核	鹅痘
精神、运动状态	很差，有站立不稳、转圈等神经症状	很差，有站立不稳、转圈等神经症状	很差，站立不稳	较差，行动迟缓	较差
呼吸状态	常有呼吸困难	常有呼吸困难			
头部	口、鼻流涎，头部水肿	口、鼻流涎	头部水肿		喙或无毛部有肿块等增生性病变
颈部	曲颈、扭头	曲颈、扭头			
眼睛	流泪、有黏液，眼睑部水肿	流泪、有黏液，眼睑部水肿	流泪、有黏液		
羽毛	松乱、无光泽	松乱、无光泽	松乱、无光泽	松乱、无光泽	

（续）

检查项目	高致病性禽流感	新城疫	鸭瘟	禽结核	鹅痘
翅、脚（掌）	翅下垂，脚无力，蹼充血	翅下垂，脚无力	翅下垂、脚无力		有肿块等增生性病变
肛门、粪便	肛门污脏，黄白或黄绿色粪便，下痢	肛门污脏，黄白或黄绿色粪便，下痢	肛门污脏，磨砂样结痂，黄白或青绿色粪便，下痢	黄白色粪便，长期下痢	
体温	升高	升高	明显升高		
其他	食欲废绝，急性死亡，死亡率高	食欲废绝，急性死亡，死亡率高	急性死亡	体重轻，消瘦	体重轻，消瘦

图2-2-15　禽流感：精神沉郁，站立不稳

图2-2-16　禽流感：有伏地、头颈部向下勾、翅伸展等神经症状

（王永坤等，2015）

图2-2-17　禽流感：病鹅死前有腹部朝上，头颈部向上勾，翅伸展，两腿划动等神经症状

（王永坤等，2015）

图2-2-18　禽流感：有曲颈勾头等神经症状

（王永坤等，2015）

图2-2-19 禽流感：病鹅不能站立，有曲颈勾头等神经症状
（王永坤等，2015）

图2-2-20 禽流感：眼睛四周羽毛潮湿，眼结膜出血
（王永坤等，2015）

图2-2-21 禽流感：病鹅眼睑肿大，眼四周有污物
（王永坤等，2015）

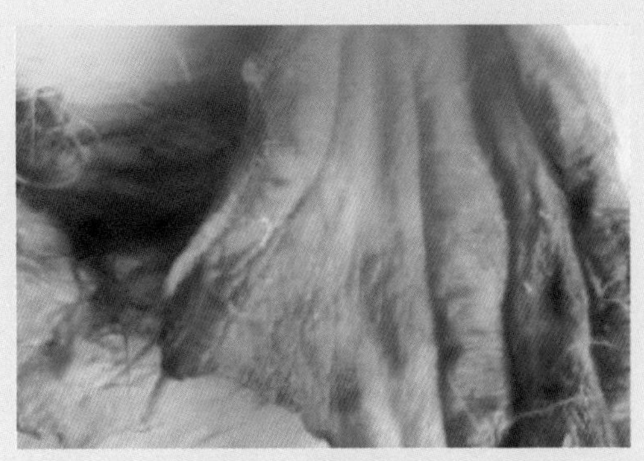

图2-2-22 禽流感：病鹅脚蹼发紫
（王永坤等，2015）

图2-2-23 鹅新城疫：病鹅有扭颈，转圈，仰头等神经症状
（王永坤等，2015）

图2-2-24 绿色稀粪

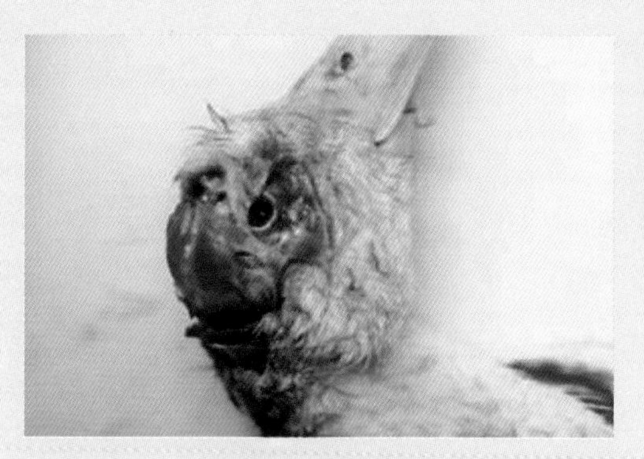

图2-2-25 鹅鸭瘟：病鹅流眼泪，眼睑水肿，有出血性坏死性溃疡灶
（王永坤等，2015）

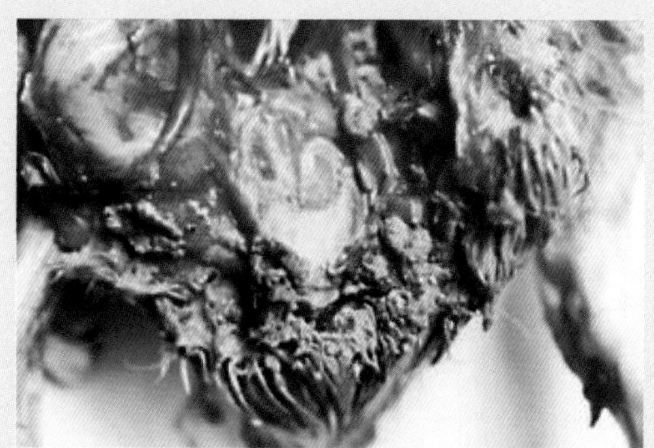

图2-2-26 鹅鸭瘟：病鹅泄殖腔黏膜有绿褐色坏死结痂
（王永坤等，2015）

图2-2-27 鹅痘：喙前部有菜花状肿块
（崔治中，2013）

图2-2-28 鹅痘：喙前部有肿瘤样病变
（崔治中，2013）

四、停食静养及饮水

鹅屠宰前一定的时间内停止喂食，但应充分给予清洁饮水（图2-2-29）。停食一定时间的鹅，宰杀时不仅放血完全，由于胃肠内容物少，便于加工，能减少对产品的污染，同时还有利于延长肉品的保存期和提高肉品质量。

图2-2-29 停食静养及饮水

五、送宰

活鹅送宰前，还需要进行一次全面的检查。确认健康后方可进行屠宰。

六、急宰

确诊为无碍肉食卫生的普通病患鹅、伤残的或出现应激的鹅，送往急宰。

第三章

宰后检验检疫图解

根据《家禽屠宰检疫规程》，宰后同步检疫应包含屠体检查、抽检和复检三个环节，综合判定检疫结果并对产品进行相应处理。宰后检验检疫流程如图3-1-1所示。

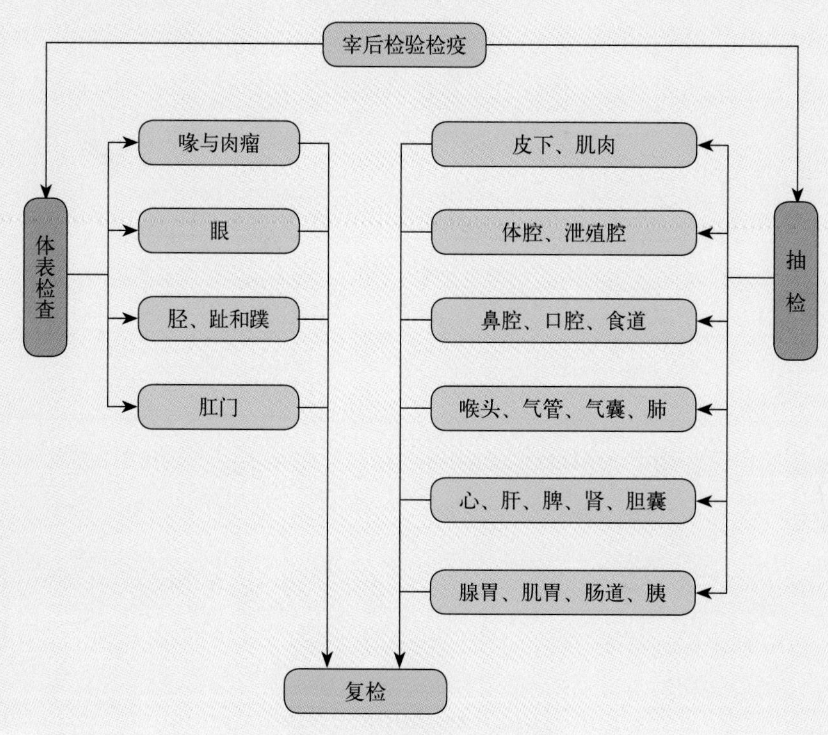

图3-1-1 宰后检验检疫流程

第一节 屠体检查

体表、内脏和体腔应逐只进行视检，必要时进行触检或切开检查，注意胴体的质地、颜色和气味的异常变化，特别应注意屠宰操作可能引起的异常变化。宰后检验检疫过程中淘汰下来的屠体，应抽样进行细致的临床检查和实验室诊断。

一、体表检查

首先观察鹅放血的情况；观察鹅的羽毛有无光泽，是否蓬松脱落；检查关节是否肿胀；体表有无出血、水肿、瘀血、溃疡等病变（图3-1-2～图3-1-8）。重点检查有无高致病性禽流感、新城疫、鸭瘟、鹅痘及禽结核等传染病的病变。

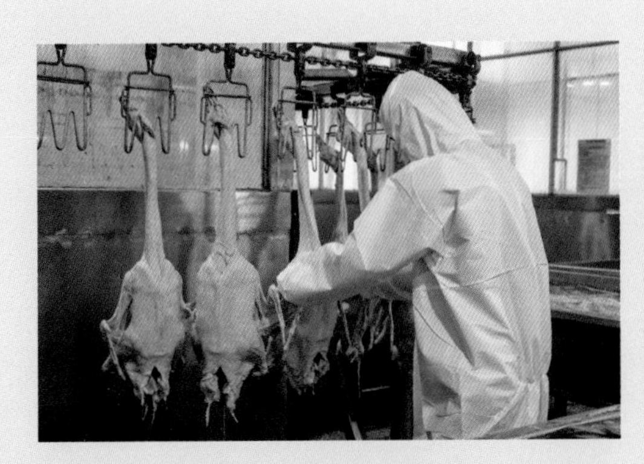
图3-1-2　体表检查（1）

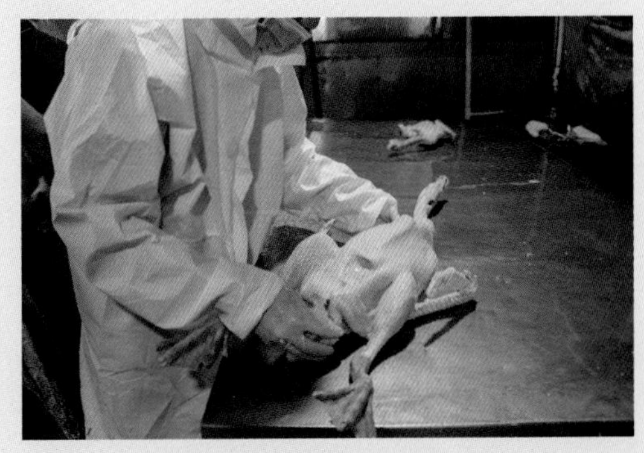
图3-1-3　体表检查（2）

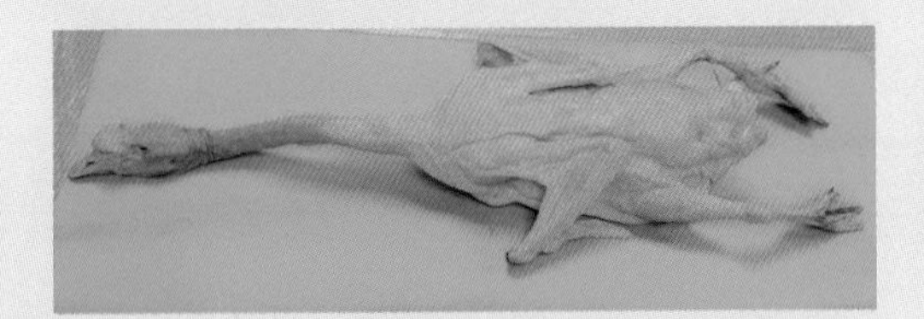
图3-1-4　检查鹅体表（卧姿）（示例）

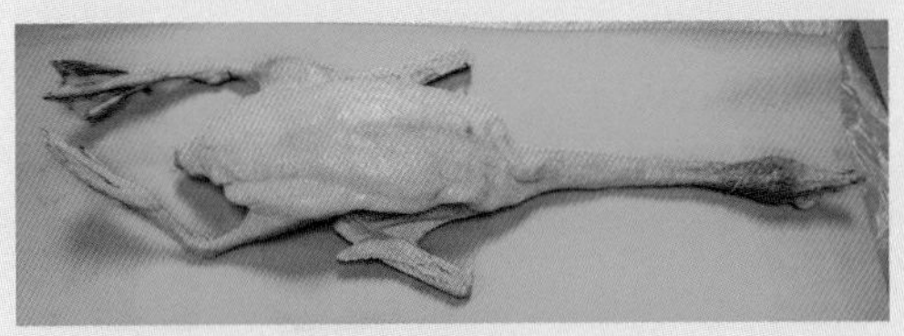
图3-1-5　检查鹅体表（仰姿）（示例）

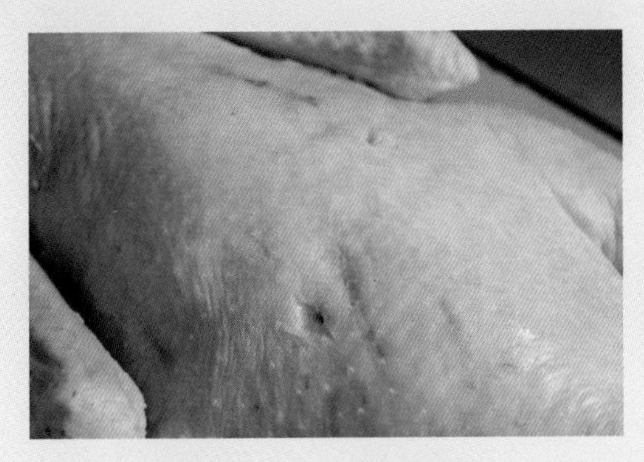
图3-1-6　体表有破损

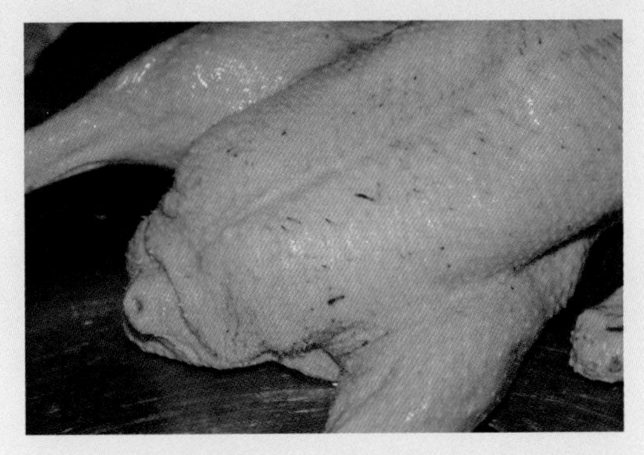
图3-1-7　体表有小毛

图3-1-8　体表有瘀血点

二、眼睛和肉瘤检查

检查鹅眼睛的眼结膜及虹膜的色泽、角膜的透明度、瞳孔的大小和有无异物。眼睑是否下垂或肿胀、流泪（图3-1-9、图3-1-10）。重点检查有无高致病性禽流感、新城疫、鸭瘟、鹅痘等传染病的病变特征。

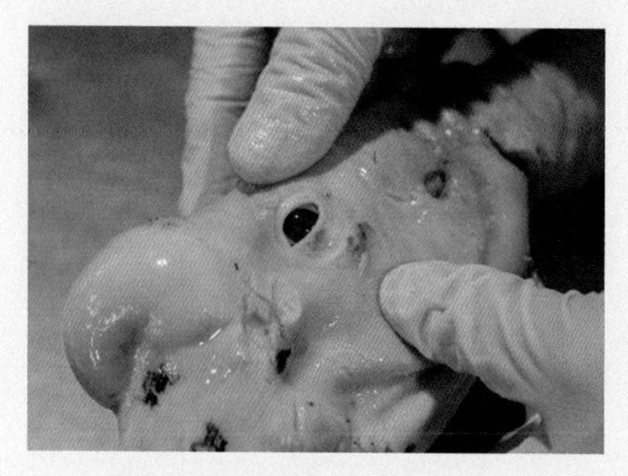

图3-1-9 眼睛检查（示例）

图3-1-10 肉瘤、鼻孔检查（示例）

三、鹅掌检查

观察鹅掌皮肤有无发紫、出血、结痂、肿胀、化脓及脚蹼趾爪是否蜷曲（图3-1-11、图3-1-12）。重点检查有无高致病性禽流感的特征病变。

图3-1-11 鹅掌检查（示例）

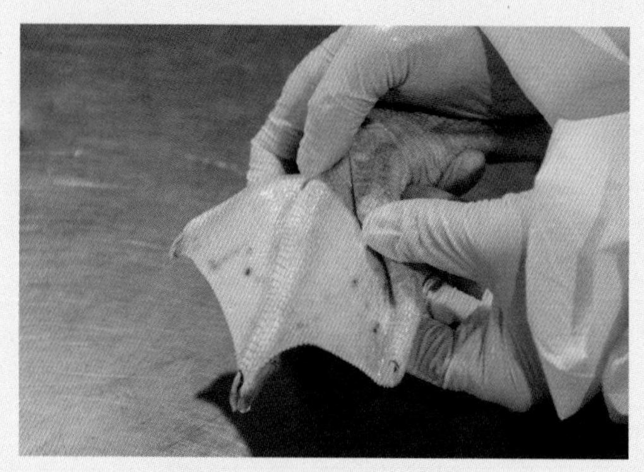

图3-1-12 蹼点状出血

四、泄殖腔检查

检查肛门周围是否有炎症、坏死及泄殖腔黏膜是否充血、肿胀变色等变化（图3-1-13、图3-1-14）重点检查有无鸭瘟的特征病变。

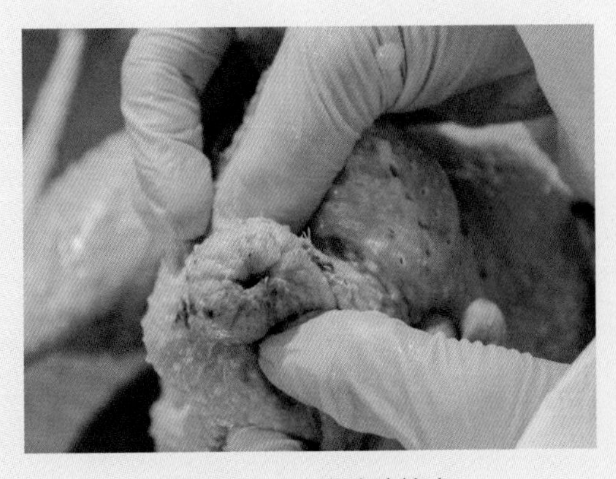
图3-1-13 泄殖腔检查

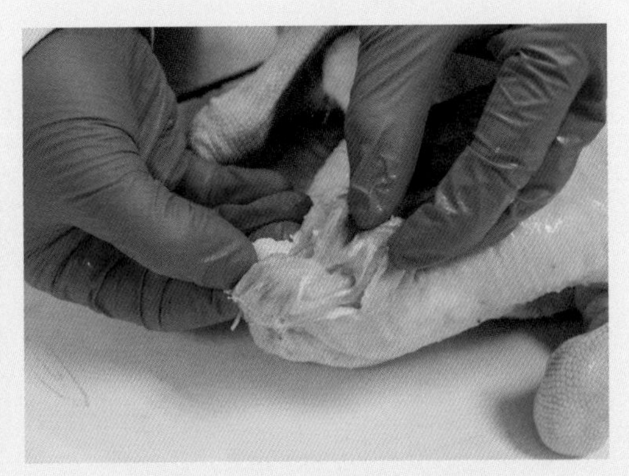
图3-1-14 正常鹅的泄殖腔

第二节 抽 检

鹅的日屠宰量在1万只以上的（含1万只）的，按照1%的比例抽样调查；日屠宰量在1万只以下的，抽检60只。当抽检发现异常的情况时，应适当扩大抽检的比例和数量，进行详细的检查。特别注意天然孔和体腔的状态，注意检查内脏器官的色泽、形状、大小，注意有无肿胀、充血、出血、坏死、粪便污染和胆汁污染等。

一、皮下检查

检查皮下组织有无发白、暗紫色、出血斑点、胶冻样水肿（图3-2-1～图3-2-4）。重点检查有无高致病性禽流感、鸭瘟的特征病变。

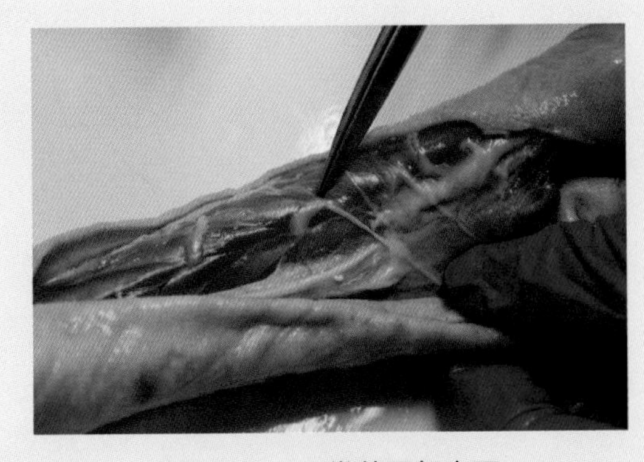
图3-2-1 正常鹅颈部皮下

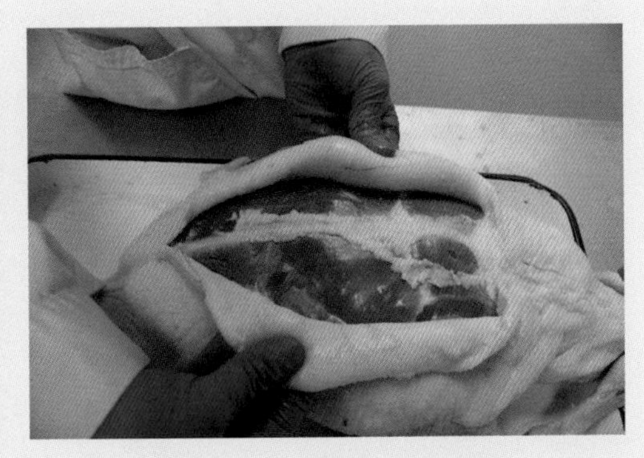
图3-2-2 正常鹅腹部皮下

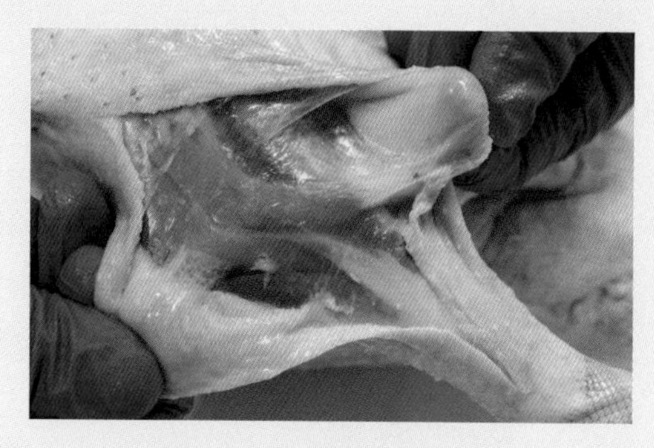

图3-2-3 正常鹅腿部皮下

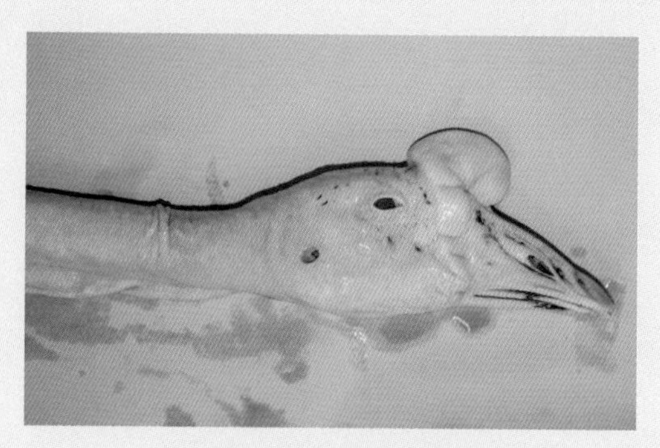

图3-2-4 正常鹅肉瘤

二、肌肉检查

检查肌肉的颜色是否正常，有无出血、坏死、结节等病变（图3-2-5、图3-2-6）。

图3-2-5 正常鹅腿部肌肉组织

图3-2-6 正常鹅胸部肌肉组织

三、鼻腔检查

观察鼻腔有无黏液性或浆液性分泌物，鼻腔内有无牛奶样或豆腐渣样物质（图3-2-7、图3-2-8）。重点检查有无高致病性禽流感和新城疫等疾病的特征病变。

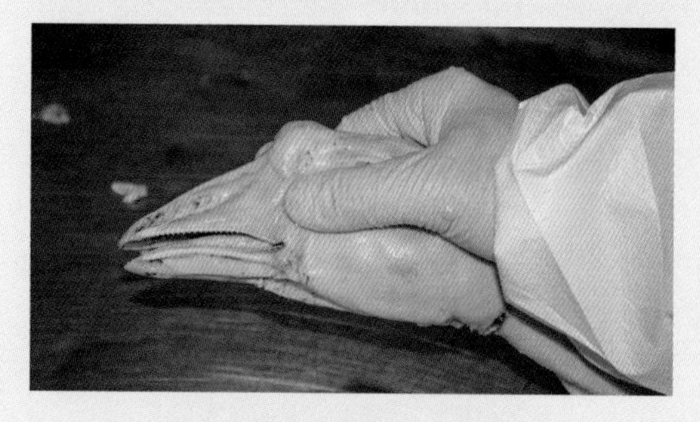

图3-2-7 检查鹅鼻腔

图3-2-8 正常鹅鼻腔

四、口腔检查

观察口腔有无流涎、黏液分泌增多、流血、小结节等（图3-2-9～图3-2-11）。重点检查有无高致病性禽流感、新城疫、鸭瘟、鹅瘟等疾病的特征病变。

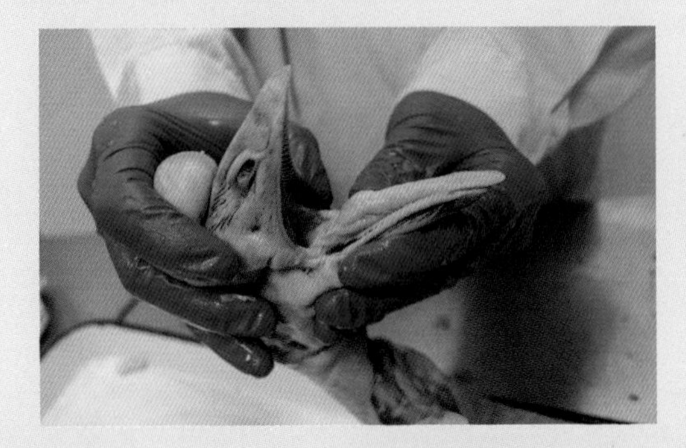

图3-2-9　检查鹅口腔

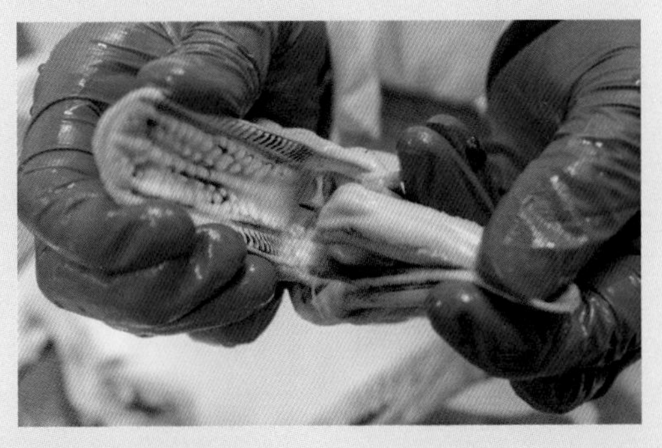

图3-2-10　正常鹅口腔

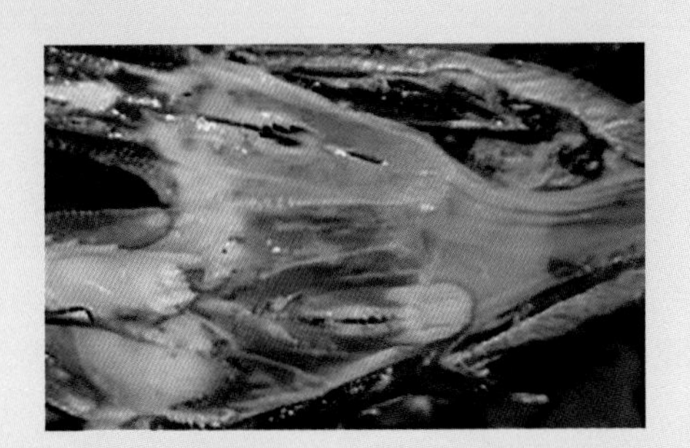

图3-2-11　鹅口腔出血

五、喉头和气管检查

检查喉头和气管有无充血、出血、黏性渗出物、寄生虫等（图3-2-12～图3-2-17）。重点检查有无高致病性禽流感、新城疫等疾病的特征病变。

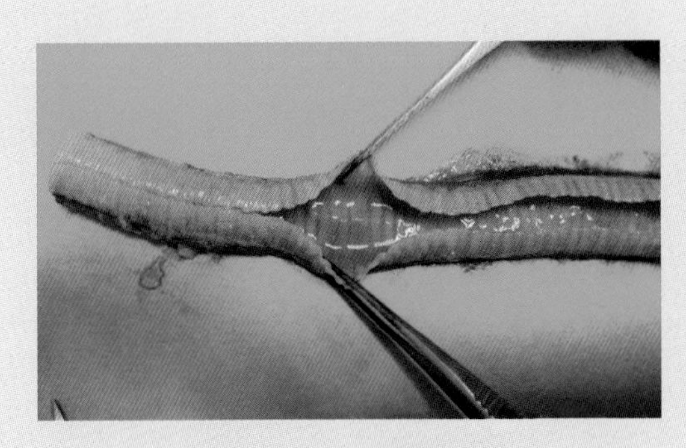

图3-2-12　气管检查

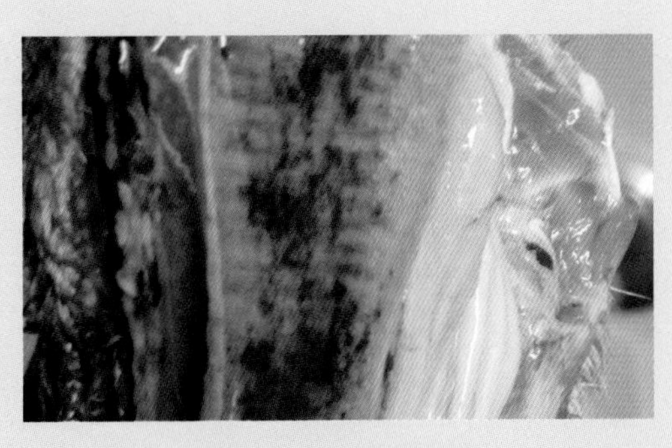

图3-2-13　气管出血

图3-2-14　气管内有白色黏性分泌物

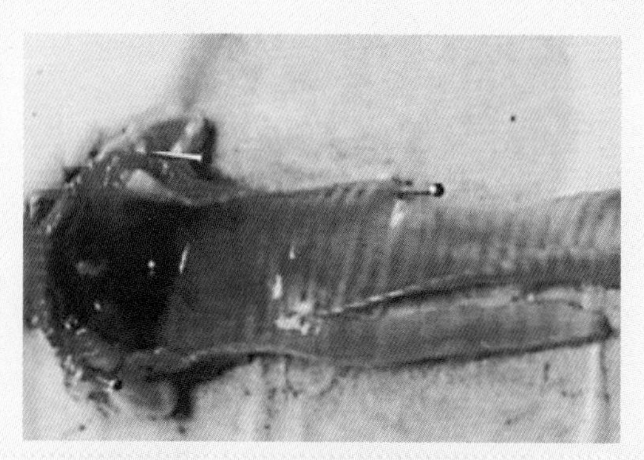

图3-2-15　患病鹅喉头部有大凝血块

（王永坤等，2015）

图3-2-16　患病鹅喉头出血

（王永坤等，2015）

图3-2-17　支气管充血

六、气囊检查

观察气囊有无浑浊、纤维素性渗出、囊壁增厚、结节、白色小点（图3-2-18、图3-2-19）。重点检查有无大肠杆菌、鸭疫里默氏杆菌、支原体等疾病的特征病变。

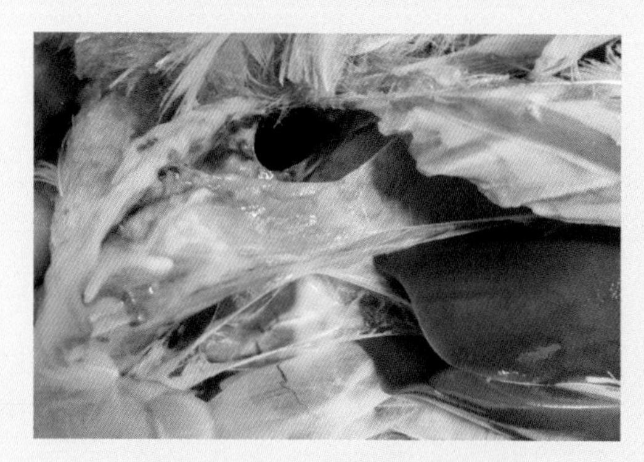

图3-2-18　气囊浑浊、增厚

图3-2-19　纤维素性气囊炎

七、肺脏检查

观察肺脏色泽，观察有无瘀血、水肿、结节等。重点检查有无高致病性禽流感、新城疫、结核病、霉菌感染等传染病的特征病变（图3-2-20～图3-2-28）。

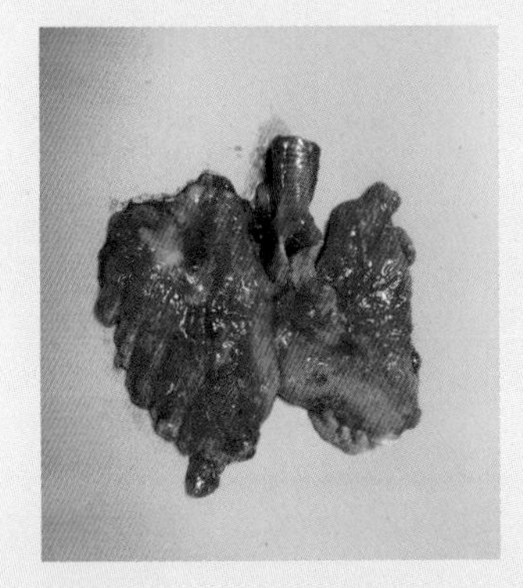

图3-2-20　正常鹅的肺脏（1）

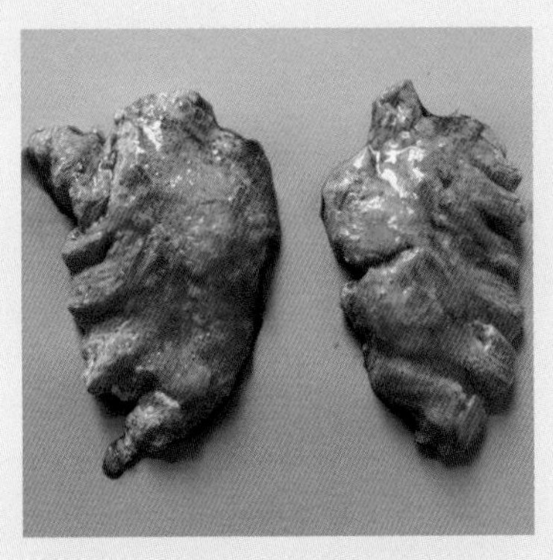

图3-2-21　正常鹅的肺脏（2）

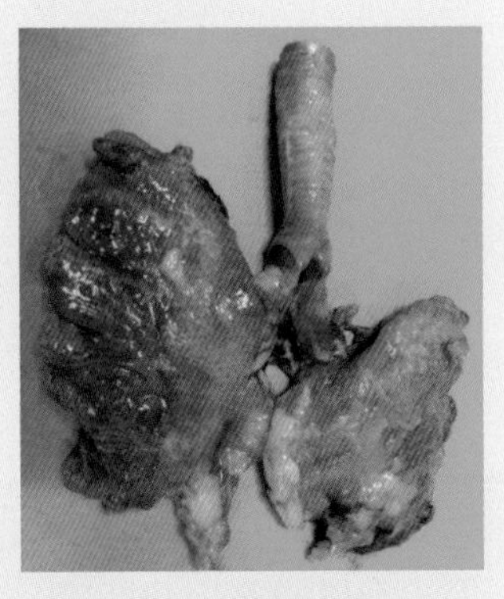

图3-2-22　病鹅肺部出血（黑斑）

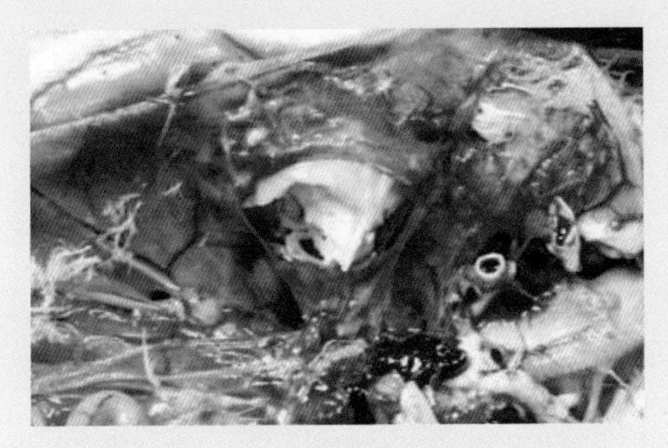

图3-2-23　病鹅肺部有淡黄色干酪样物（王永坤等，2015）

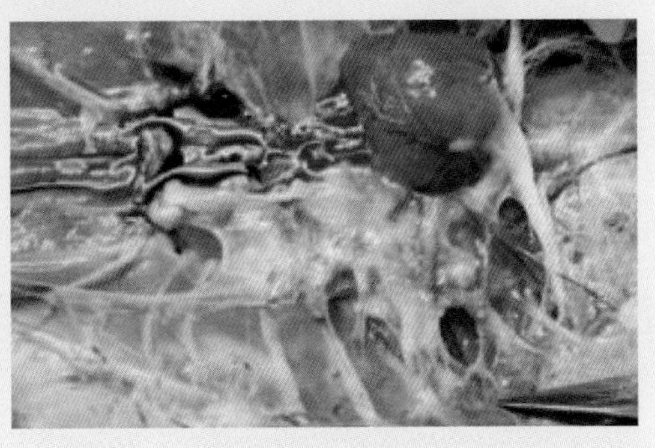

图3-2-24　病鹅肺部和气囊布满大小不一、淡黄色或灰白色霉菌性结节（王永坤等，2015）

图3-2-25　病鹅肺部有弥漫性大小不一、淡黄色结节（王永坤等，2015）

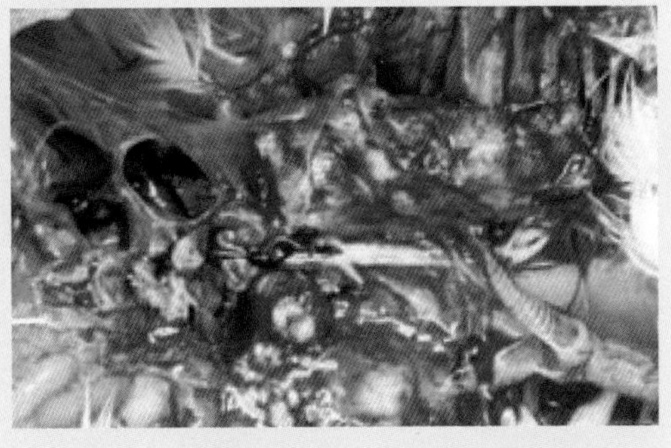

图3-2-26　病鹅肺部有大小不一、葡萄串样结节（王永坤等，2015）

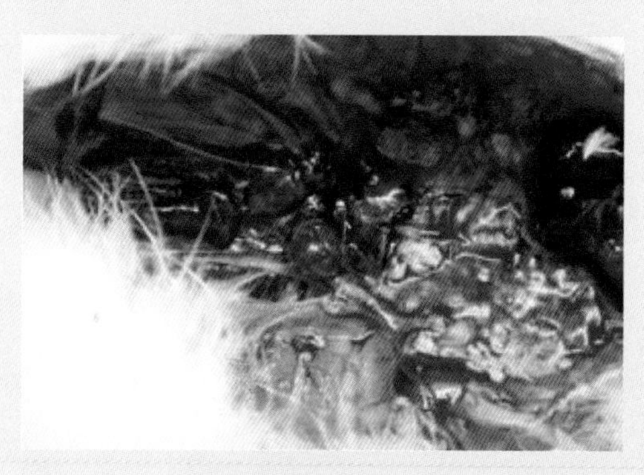

图3-2-27 病鹅肺部布满大小不一、淡黄色或灰白色霉菌性结节
（王永坤等，2015）

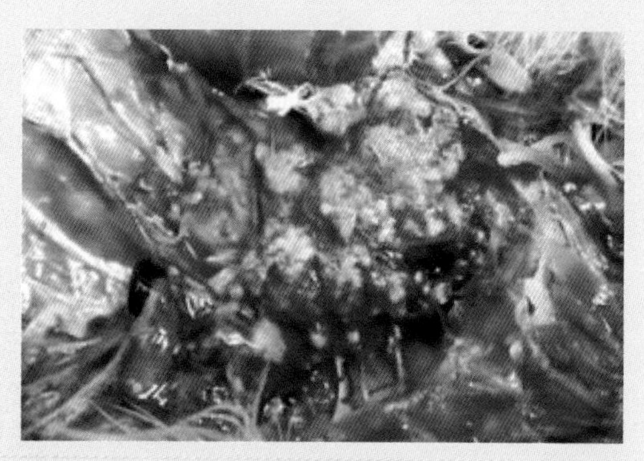

图3-2-28 患病鹅肺部布满大小不一、灰白色似肉芽霉菌性结节
（王永坤等，2015）

八、肾脏检查

观察肾脏形状、大小、色泽，检查有无肿大、瘀血、尿酸盐沉着、结石等（图3-2-29～图3-2-35）。注意有无高致病性禽流感、新城疫及痛风等疾病的特征病变。

图3-2-29 正常鹅的肾脏

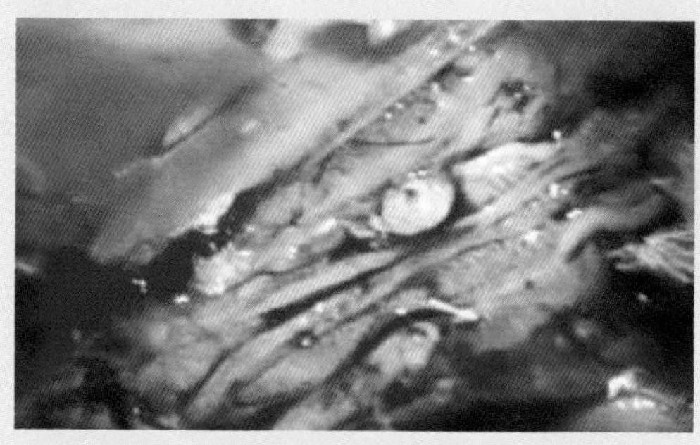

图3-2-30 患病鹅肾脏肿大充血、出血，有蚕豆大淡黄色结节
（王永坤等，2015）

图3-2-31 肾脏肿大

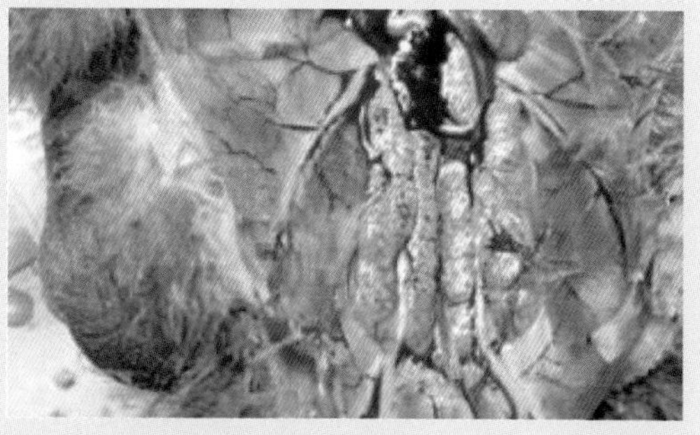

图3-2-32 患病鹅肾脏肿大，色淡，两侧输尿管有尿酸盐沉着
（王永坤等，2015）

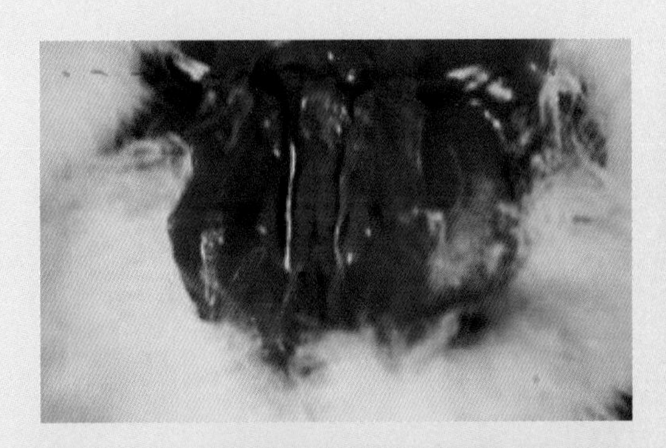

图3-2-33　患病鹅肾脏稍肿大，呈深红色，质脆，输尿管扩张，充满白色尿酸沉淀物
（王永坤等，2015）

图3-2-34　患病鹅肾脏肿大，色泽变淡，有尿酸盐沉积，输尿管扩张变粗，管腔内充满乳白色尿酸盐沉着
（王永坤等，2015）

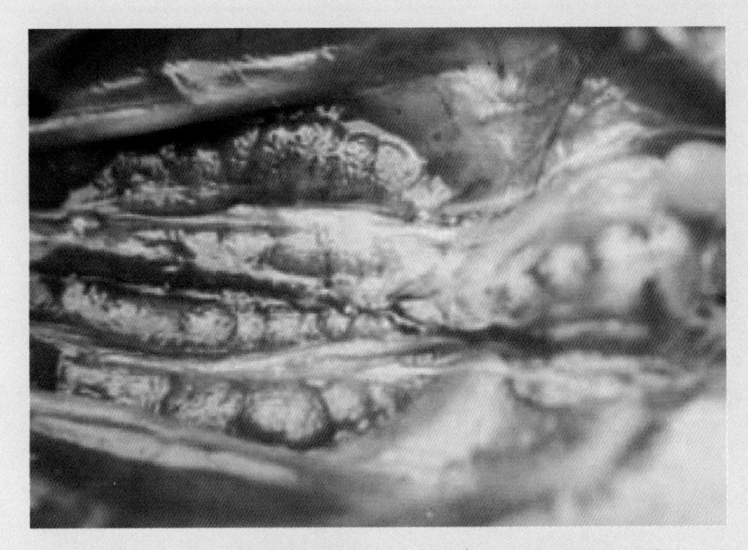

图3-2-35　患病鹅肾脏肿大，色泽变淡，有尿酸盐沉淀所形成的白色斑点，输尿管扩张变粗，肾表面有许多尿酸盐沉着
（王永坤等，2015）

九、腺胃和肌胃检查

观察浆膜色泽，检查有无出血、水肿等变化。剖开腺胃，检查黏膜或乳头有无出血、水肿溃疡、丘状暗黑色小点。切开肌胃，剥离角质膜，检查有无出血、坏死、糜烂等。重点检查有无高致病性禽流感、新城疫、鹅线虫等疾病的特征病变（图3-2-36～图3-2-44）。

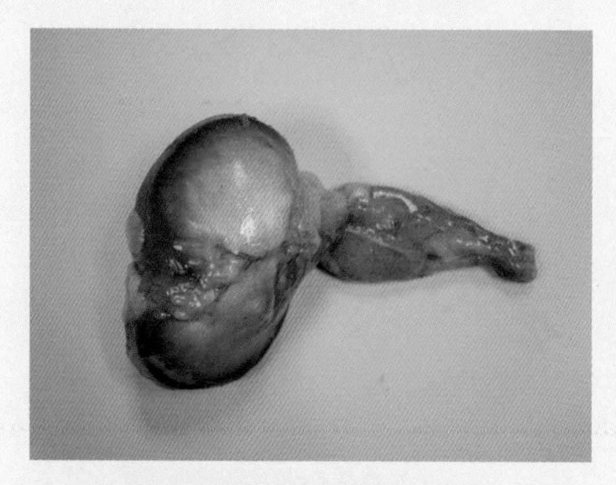

图3-2-36　正常鹅肌胃、腺胃

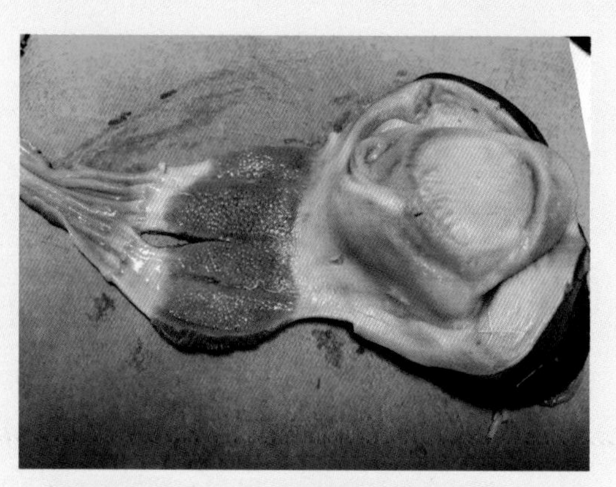

图3-2-37　正常鹅肌胃、腺胃内部

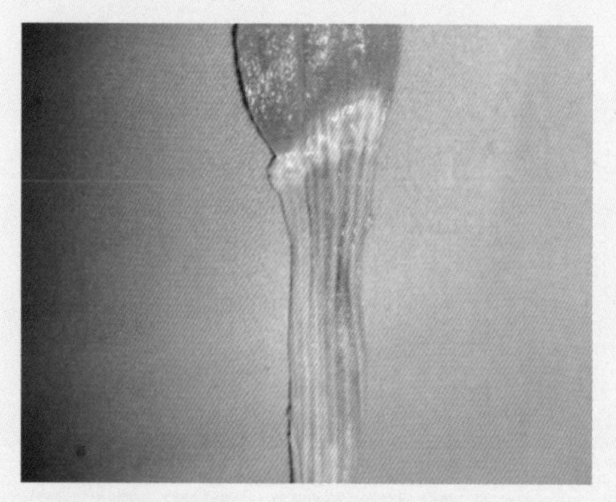

图3-2-38　正常鹅腺胃及食管内部

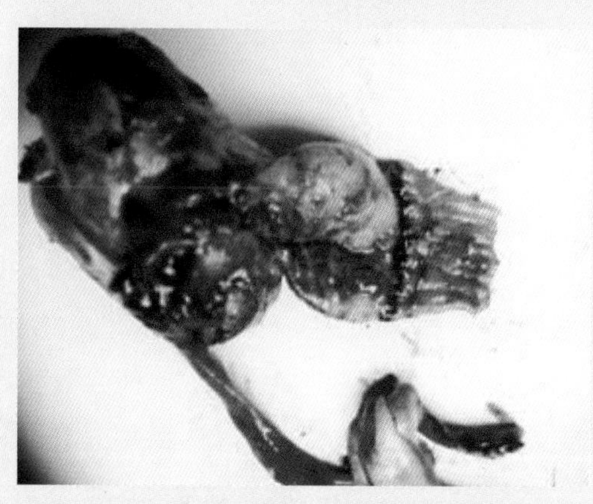

图3-2-39　患病鹅腺胃与食道交界处有黑色出血带（1）

（王永坤等，2015）

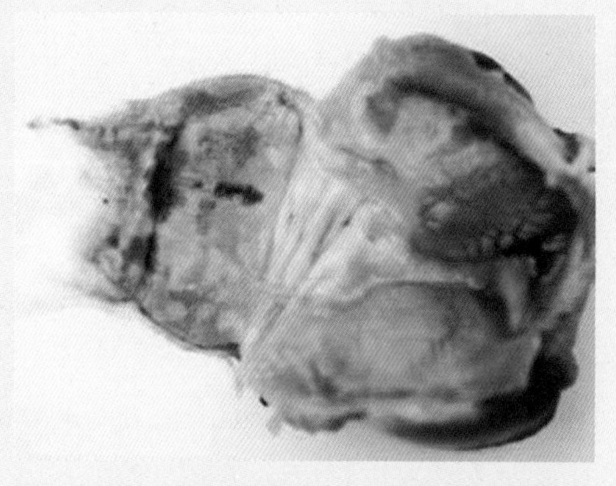

图3-2-40　患病鹅腺胃与食道交界处有黑色出血带（2）

（王永坤等，2015）

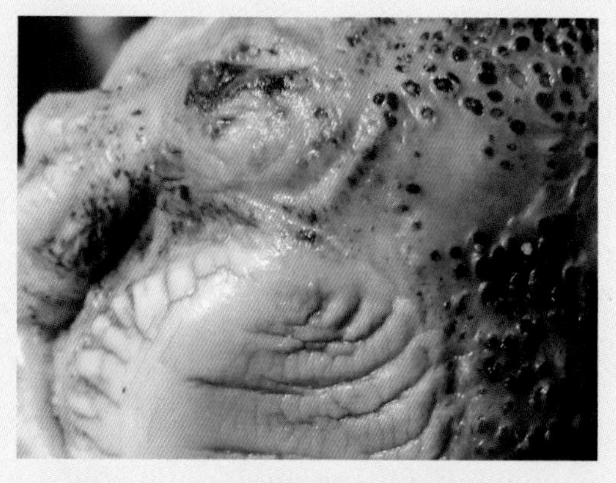

图3-2-41　病鹅肌胃（角质层）增生

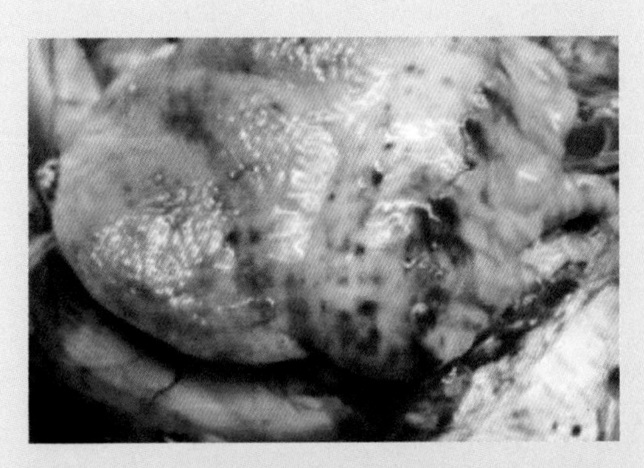

图3-2-42 患病鹅腺胃与食道交界处黏膜有弥漫性大小不一的出血斑
（王永坤等，2015）

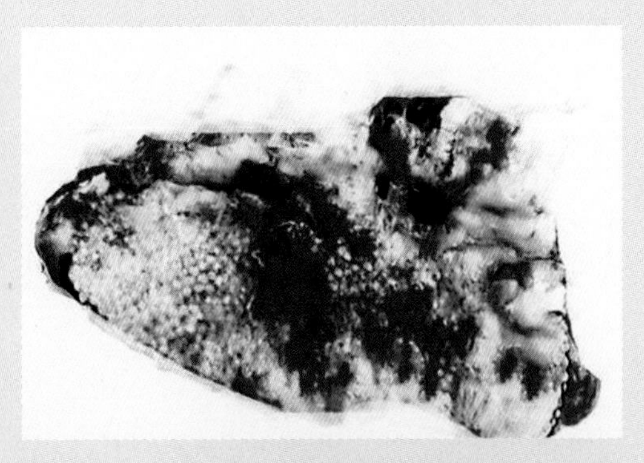

图3-2-43 鹅四棱线虫引起腺胃黏膜肿胀、出血
（崔治中，2013）

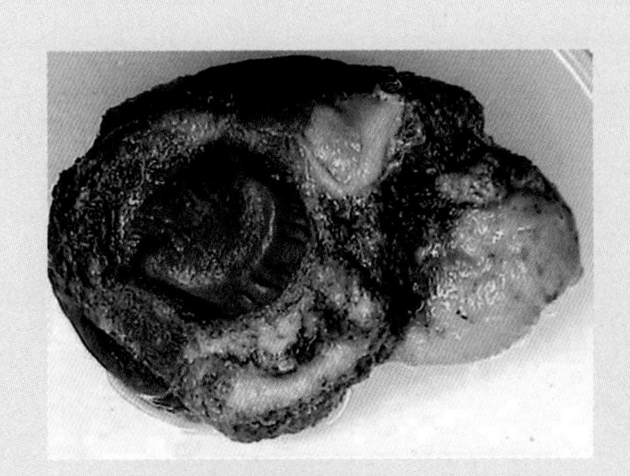

图3-2-44 鹅裂口线虫引起肌胃发生溃疡、坏死
（崔治中，2013）

十、肠道检查

检查浆膜是否正常。剖开肠道，检查肠道黏膜有无出血、充血，有无线虫、吸虫和绦虫等寄生虫。重点检查有无高致病性禽流感、新城疫及寄生虫等疾病的特征病变（图3-2-45～图3-2-62）。

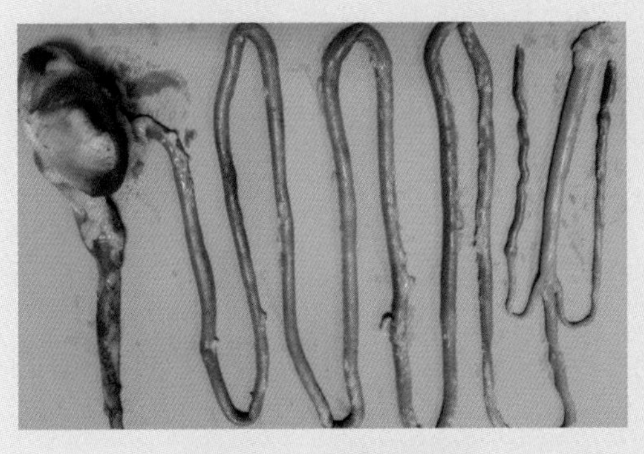

图3-2-45 鹅的消化管

图3-2-46 鹅肠道外观

图3-2-47　正常鹅十二指肠

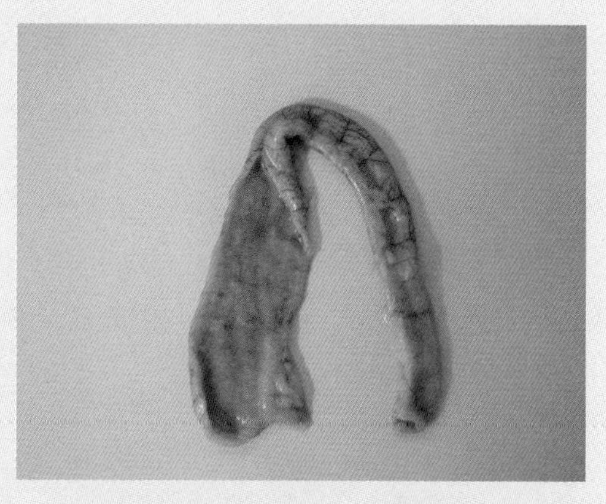

图3-2-48　正常鹅十二指肠内部

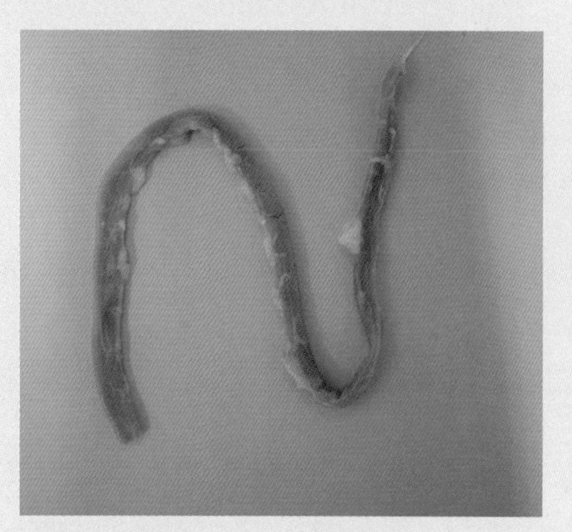

图3-2-49　正常鹅空肠

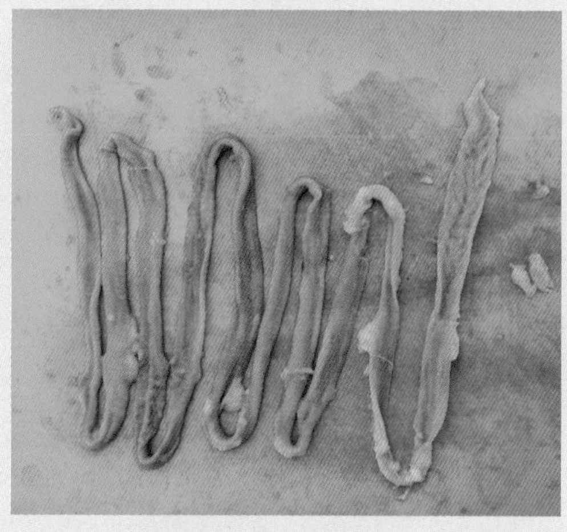

图3-2-50　鹅肠道内部

图3-2-51　正常鹅盲肠

图3-2-52　肠道溃疡

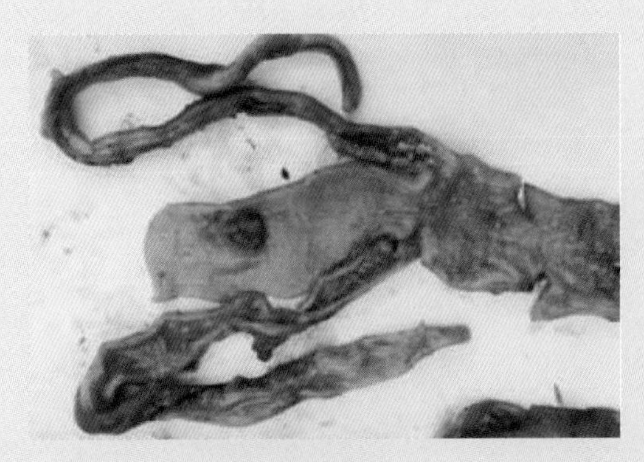

图3-2-53 患病鹅结肠和盲肠的黏膜有大小不一的溃疡灶
（王永坤等，2015）

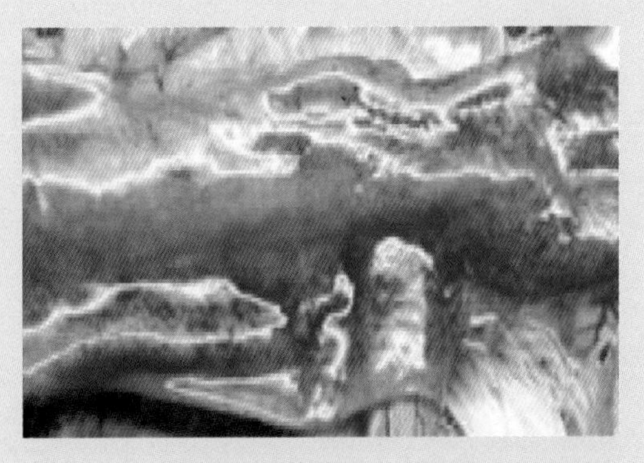

图3-2-54 患病鹅肠道黏膜有弥漫性大小不一的鲜红血斑点
（王永坤等，2015）

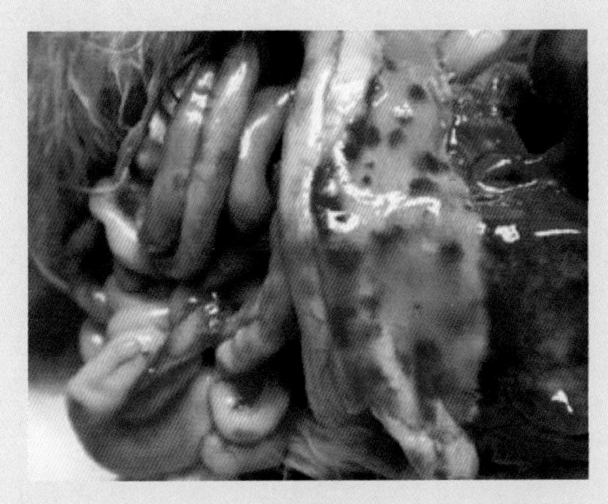

图3-2-55 患病鹅肠道黏膜有散在性黄豆大至蚕豆大、紫红色出血性坏死斑
（王永坤等，2015）

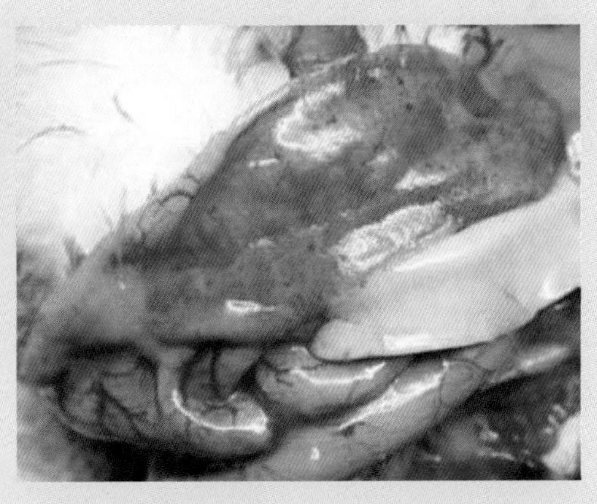

图3-2-56 患病鹅十二指肠黏膜有散在性针头至粟粒大鲜红出血
（王永坤等，2015）

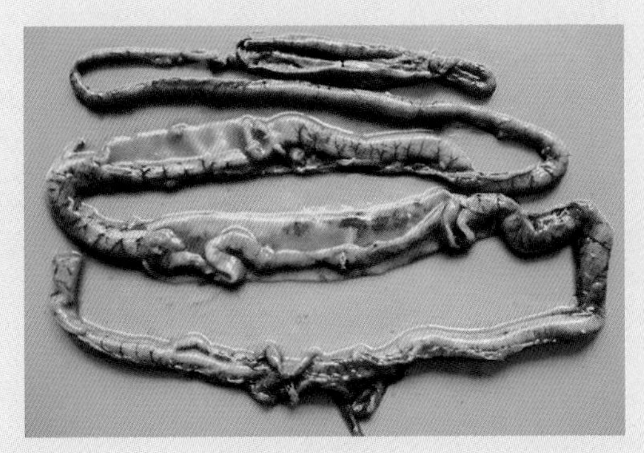

图3-2-57 患病鹅感染艾美耳球虫，肠道黏膜坏死、脱落
（崔治中，2013）

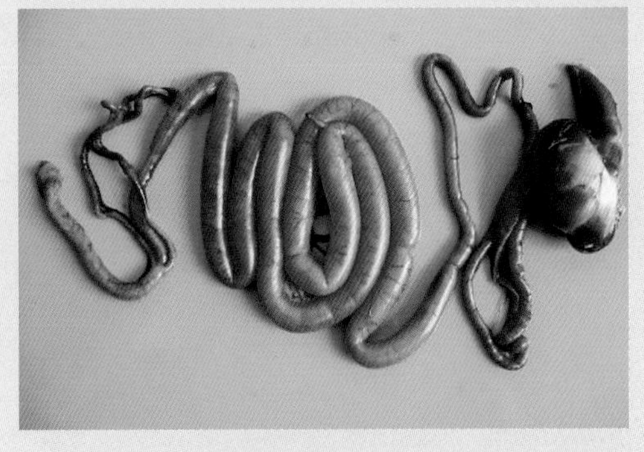

图3-2-58 患病鹅感染艾美耳球虫，肠管臌气
（崔治中，2013）

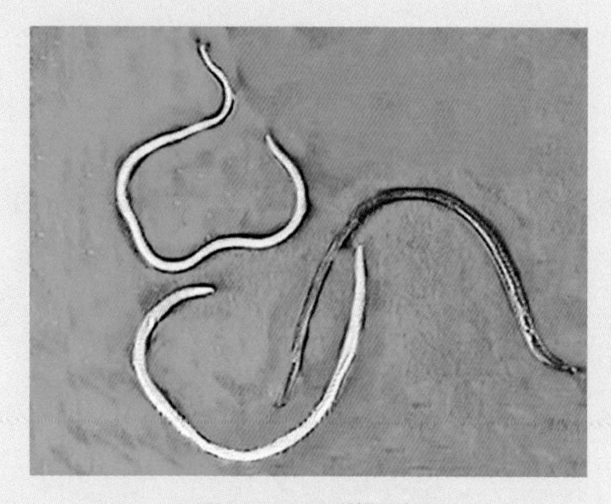

图3-2-59 鹅蛔虫
（崔治中，2013）

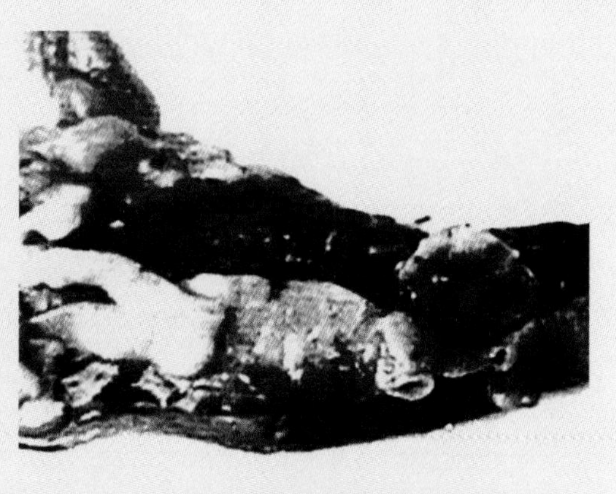

图3-2-60 小肠内的矛形剑带绦虫
（崔治中，2013）

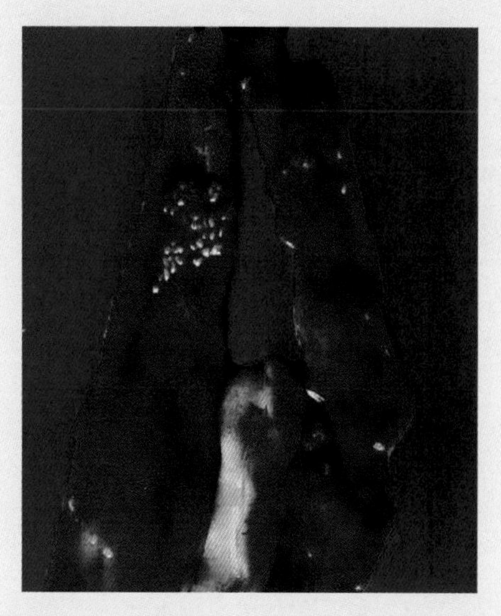

图3-2-61 小肠黏膜出血，黏膜上附着大量吸虫
（崔治中，2013）

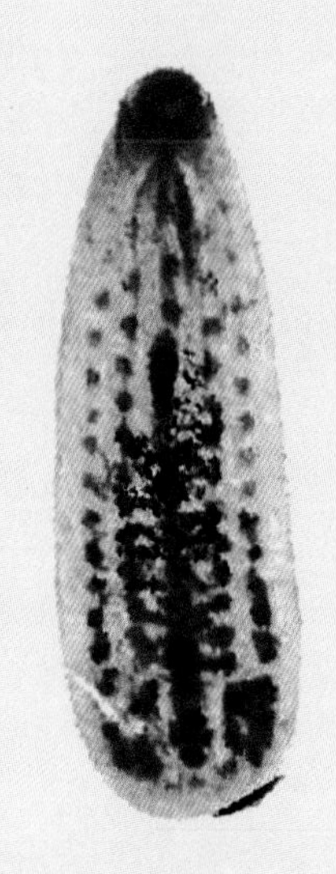

图3-2-62 背孔吸虫
（崔治中，2013）

十一、肝脏和胆囊检查

观察肝脏的大小、形状、色泽，触检硬度和弹性，注意有无肿大、瘀血、白色坏死灶、肿瘤结节等。检查胆囊有无肿大、胆汁颜色有无墨绿色。重点检查肝脏有无肿大、瘀血、白色坏死灶。注意对禽霍乱、鸭疫里默氏菌病及寄生虫病等疾病感染的诊断（图3-2-63～图3-2-72）。

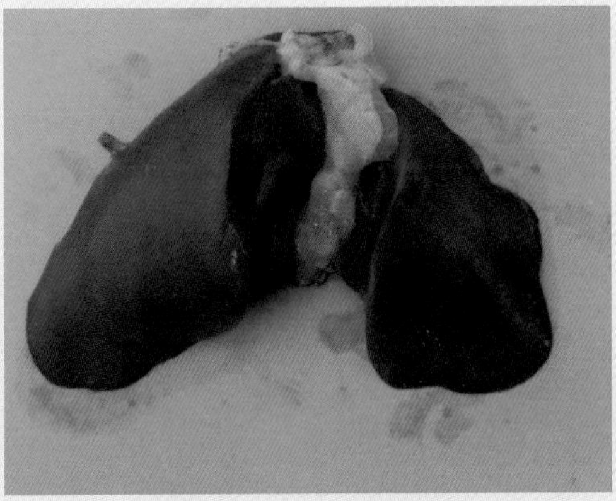

图3-2-63　正常鹅肝脏

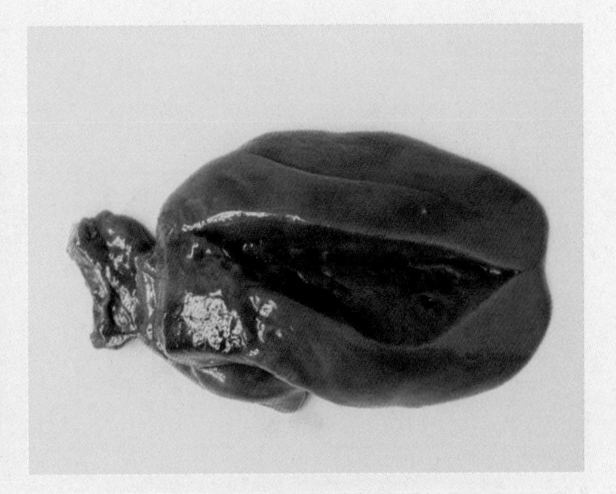

图3-2-64　正常鹅肝脏内部

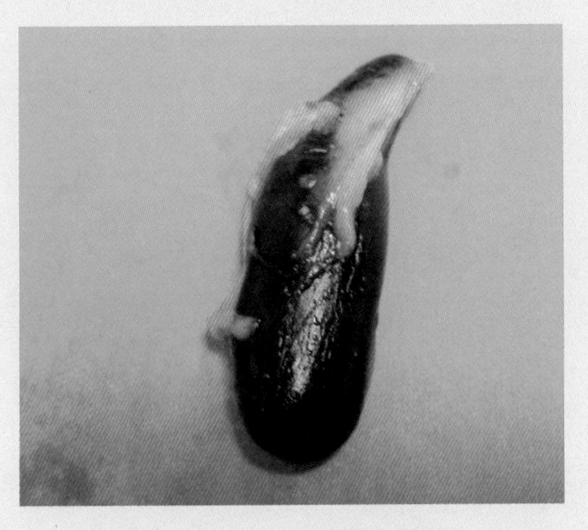

图3-2-65　正常鹅胆囊

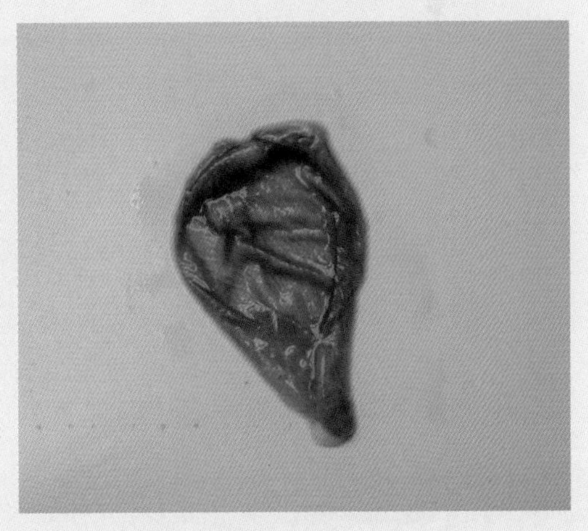

图3-2-66　正常鹅胆囊内部

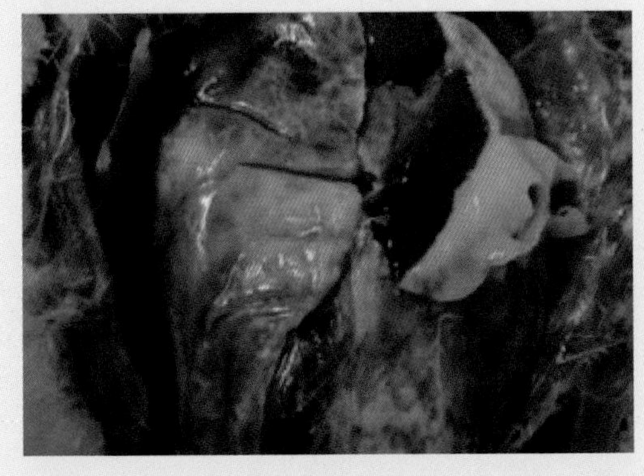

图3-2-67　患病鹅肝脏覆盖一层淡黄色不匀分泌物，易与肝组织剥离
（王永坤等，2013）

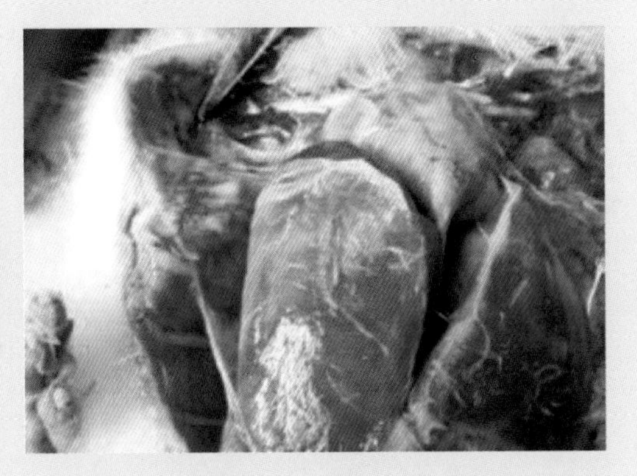

图3-2-68　患病鹅气囊和肝包液增厚，易剥离、心包膜增厚，心包液浑浊
（王永坤等，2013）

图3-2-69 患病鹅肝脏肿大，有大小不一的出血斑，其中有大紫红色出血斑，心包积液

（王永坤等，2015）

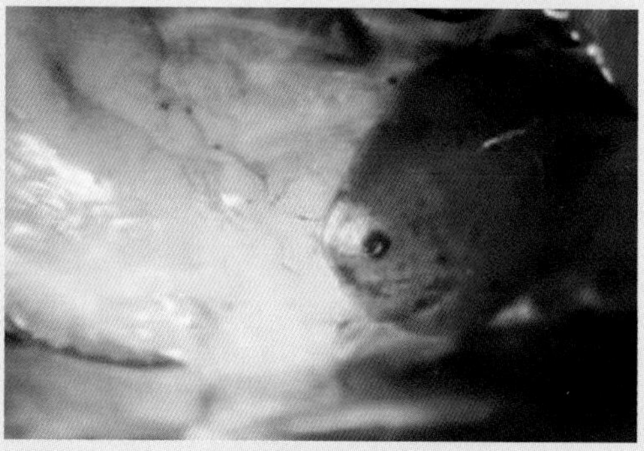

图3-2-70 患病鹅肝脏肿大，瘀血，有大小不一的出血斑

（王永坤等，2015）

图3-2-71 患病鹅肝脏有大小不一鲜红和褐色出血斑

（王永坤等，2015）

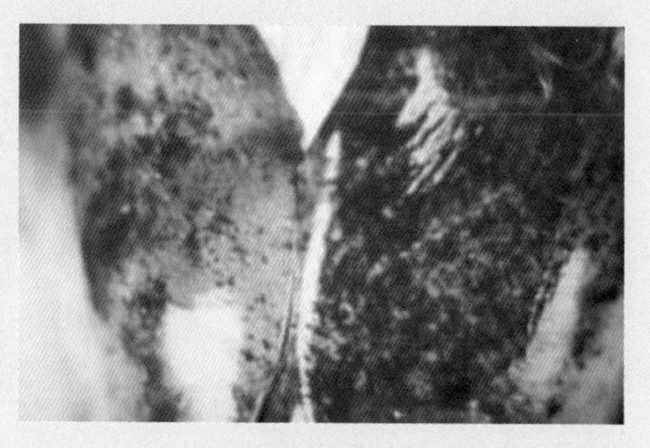

图3-2-72 患病鹅肝脏肿大，有弥漫性大小不一鲜红出血点和斑

（王永坤等，2015）

十二、脾脏检查

观察大小、色泽、形状，检查脾脏有无出血、肿大、纤维素性渗出物、肿瘤结节、坏死灶等病变。重点检查有无高致病性禽流感、新城疫等疾病的特征病变（图3-2-73～图3-2-78）。

图3-2-73 正常鹅脾脏

图3-2-74 正常鹅脾脏内部

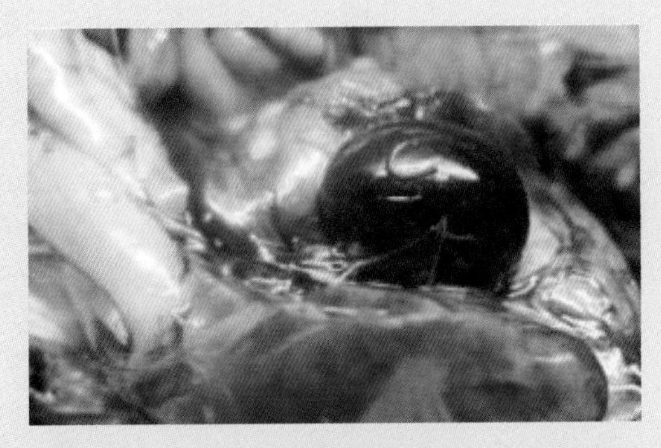
图3-2-75　禽流感患病鹅脾脏肿大，出血，似紫葡萄样，有弥漫性针头至粟粒大坏死点
（王永坤等，2015）

图3-2-76　患病鹅脾脏肿大，呈锥形，有弥漫性芝麻大暗红色出血斑
（王永坤等，2015）

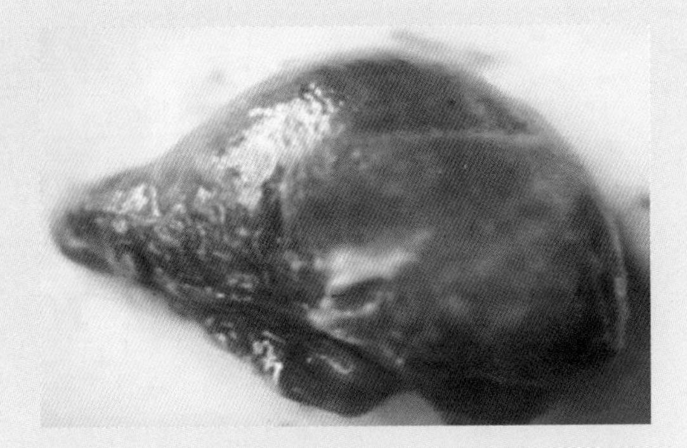
图3-2-77　患病鹅脾脏肿大，有大小不一灰白色肿瘤结节
（王永坤等，2015）

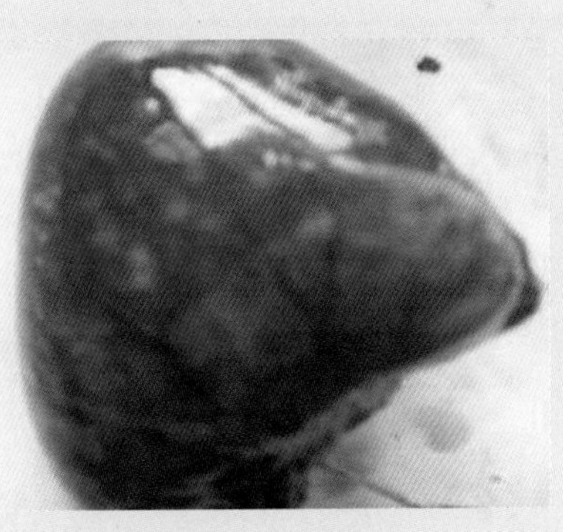
图3-2-78　患病鹅脾脏肿大，有弥漫性绿豆大灰白色肿瘤结节
（王永坤等，2015）

十三、心脏检查

观察心包膜有无纤维素性渗出和尿酸盐的沉积；检查心冠脂肪有无坏死、出血斑点，心肌有无条纹状坏死和肉芽肿样病变。重点检查有无高致病性禽流感、新城疫、禽出败、鸭疫里默氏杆菌病、禽结核等传染病的病变（图3-2-79～图3-2-87）。

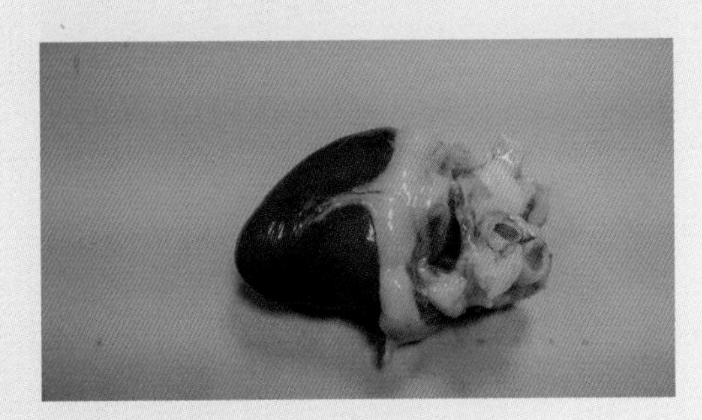
图3-2-79　正常鹅心脏外观

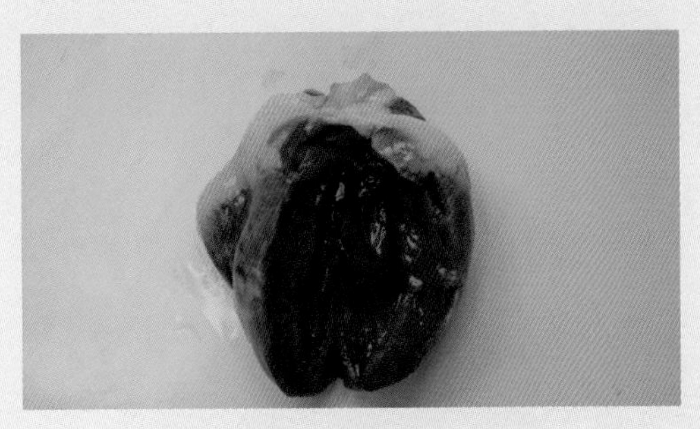
图3-2-80　正常鹅心脏内部

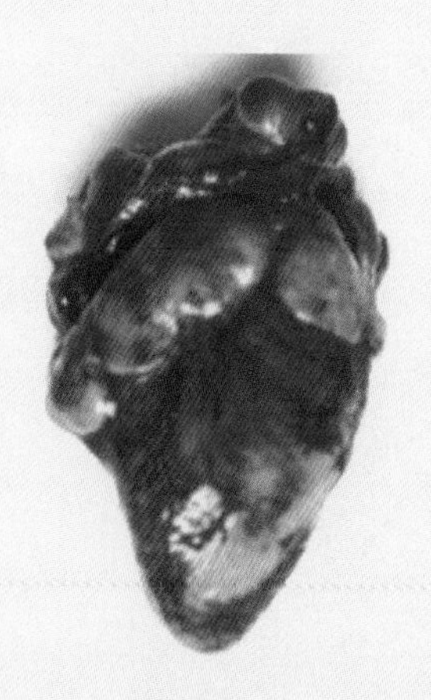

图3-2-81 患病鹅心肌有大块灰白色坏死斑
（王永坤等，2015）

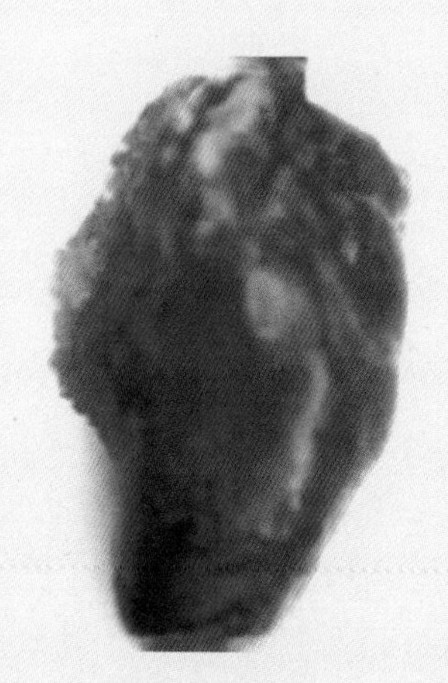

图3-2-82 患病鹅心肌有灰白色坏死斑
（王永坤等，2015）

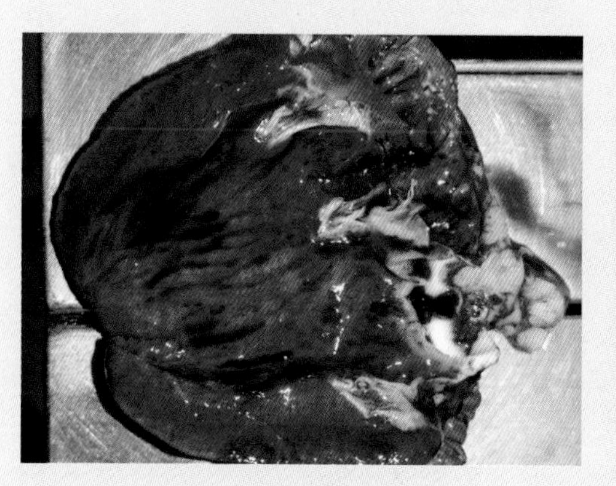

图3-2-83 心内膜出血

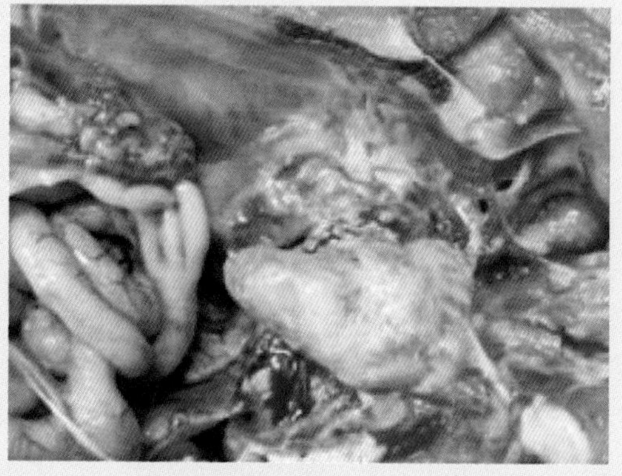

图3-2-84 患病鹅心包膜增厚，厚薄不匀，呈高低不平
（王永坤等，2015）

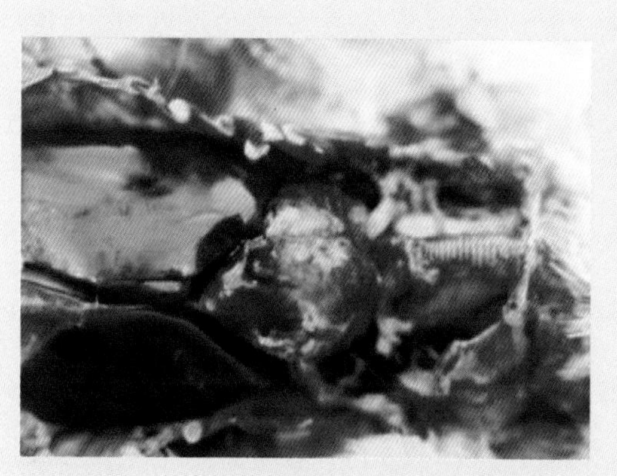

图3-2-85 心包膜增厚，不同部位厚度不同，膜充血、出血
（王永坤等，2015）

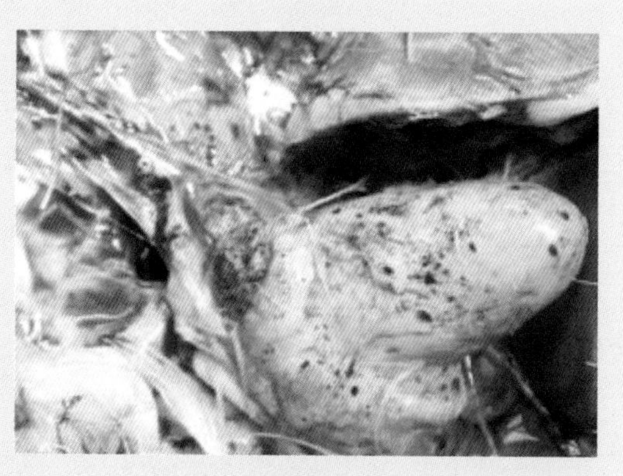

图3-2-86 患病鹅心冠脂肪和心肌有弥漫性大小不一、鲜红出血斑点
（王永坤等，2015）

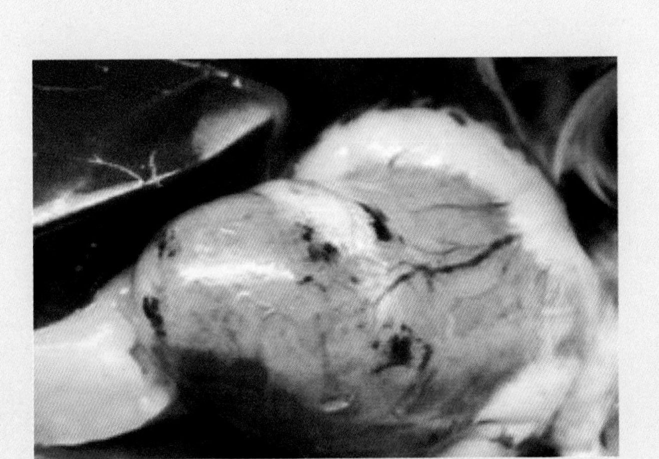

图3-2-87 患病鹅心肌有散在性出血斑
（王永坤等，2015）

十四、法氏囊检查

观察有无肿大、出血、萎缩、肿瘤物质。剖检有无出血、干酪样物质等病变（图3-2-88、图3-2-89）。

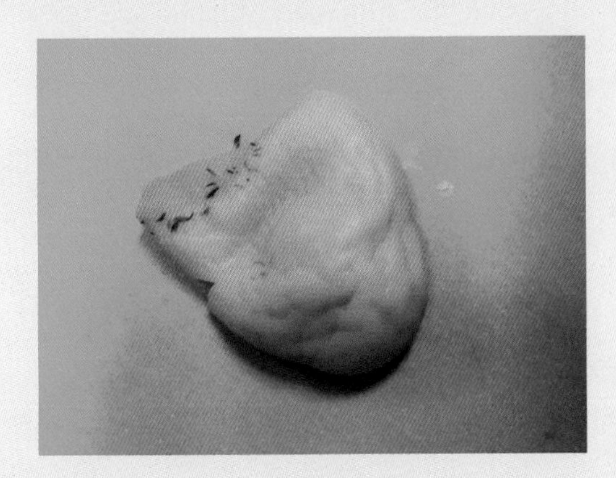

图3-2-88 正常鹅法氏囊

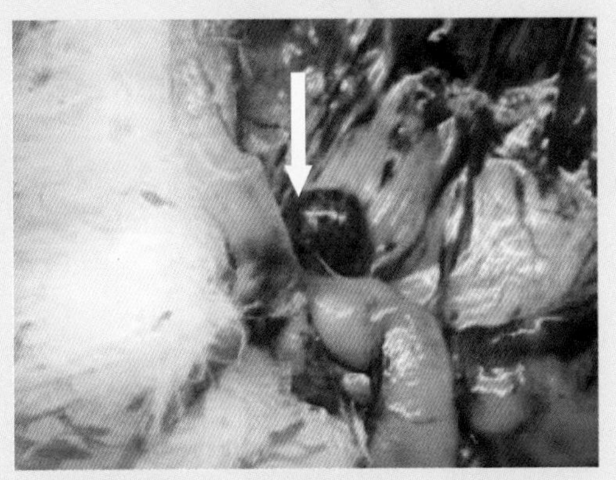

图3-2-89 法氏囊严重出血，似葡萄样
（王永坤等，2015）

十五、体腔检查

视检体腔液的数量和性状，腹腔内有无异常的内容物，腹膜的性状，腹腔脏器的位置和外形，横膈的紧张度、有无破裂等；剖开胸腔，注意检查胸腔液的数量和性状、胸腔内有无异常内容物（图3-2-90～图3-2-98）。重点检查有无高致病性禽流感、新城疫、鸭瘟、禽结核、鸭疫里默氏杆菌病、大肠杆菌等疾病的病变。

图3-2-90 鹅体腔检查

图3-2-91 胸膜严重充血

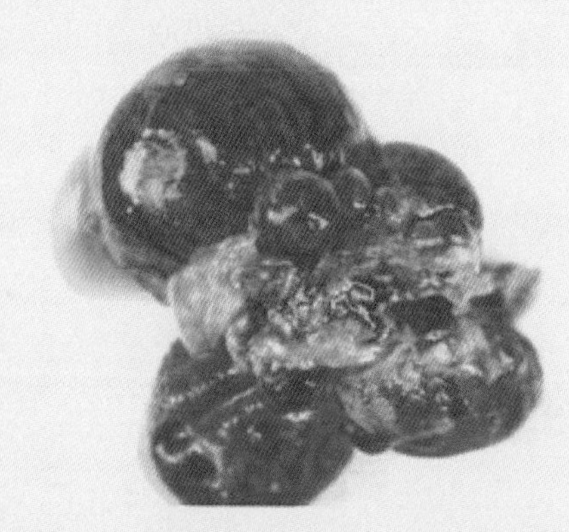

图3-2-92 卵泡膜严重充血、出血，有纤维素性渗出物
（王永坤等，2015）

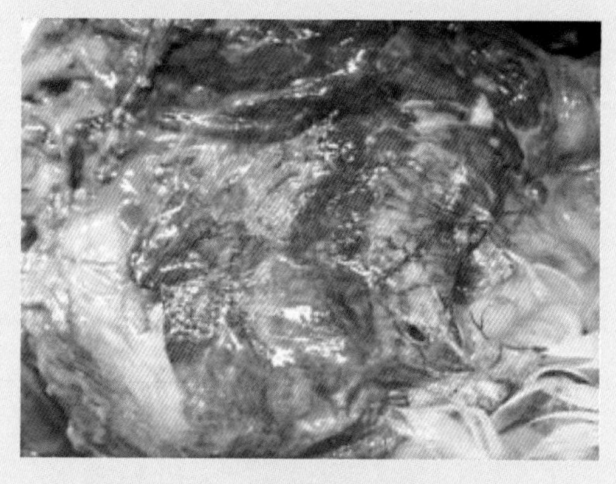

图3-2-93 腹膜增厚，充血、出血
（王永坤等，2015）

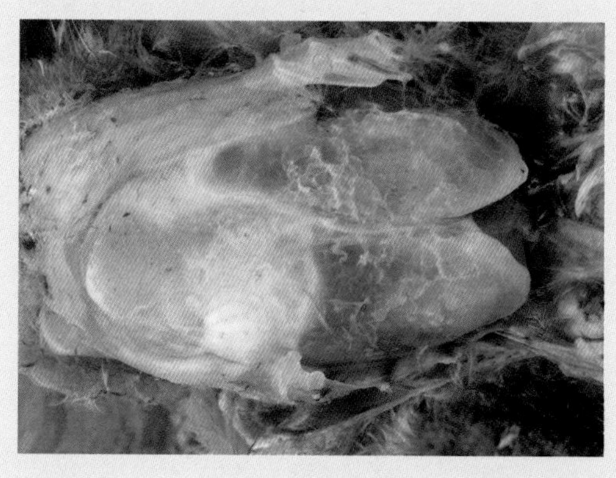

图3-2-94 肝脏表面覆盖黄色纤维素性渗出

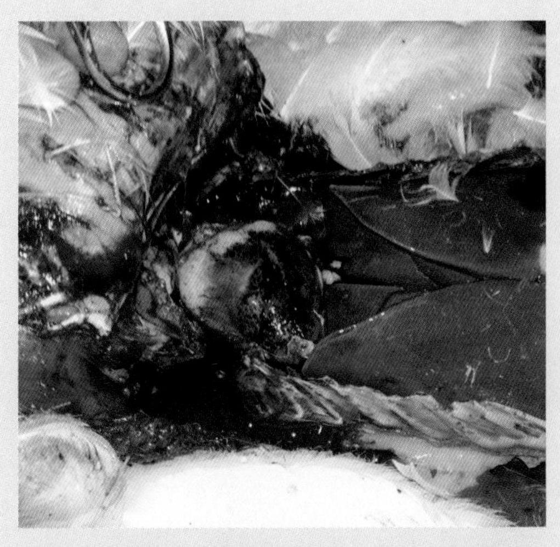

图3-2-95　心脏充血、出血，体腔有瘀血

图3-2-96　肝周炎，有炎性渗出物

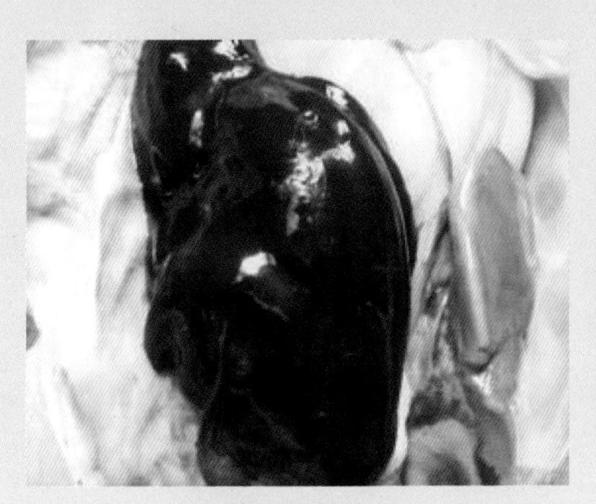

图3-2-97　腹腔有暗红色凝血块，肌肉和肝脏色淡
（王永坤等，2015）

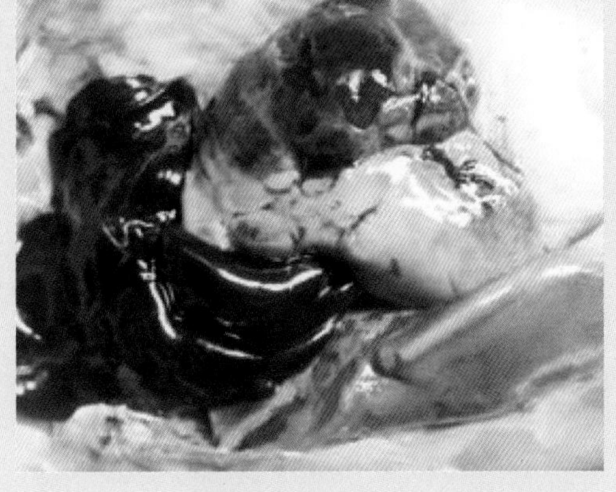

图3-2-98　腹腔暗红色凝血块，肌肉色淡，胰腺充血、出血
（王永坤等，2015）

第三节　复检（复验）

复检流程见图3-1-1。检验检疫人员对上述所有检验检疫情况进行全面复查，要注意有无错判、漏检。检查胴体的色泽、气味有无异常；皮肤，肌肉，脂肪，胸、腹腔和肢体关节有无异常；组织有无出血、水肿、变性、寄生虫损害。检查因内外

伤、骨折等造成的瘀血和胆汁污染部分是否修净（皮下、肌肉复检见图1-1-10）。体腔复检见图3-3-1。

图3-3-1 体腔复检

第四章

实验室检验图解

第一节 肉品感官检验及挥发性盐基氮的测定图解

一、肉品感官检验

感官检验主要是通过观察肉的各项特征及状态，最后根据结果做出综合判定。

1．感官评定室 温度以20～25℃为宜，湿度65%，空气洁净流通；光照度为200～400lx，自然光和人工照明结合，白色光线垂直不闪烁（图4-1-1）。

图4-1-1 感官评定室

2．感官性状检验 在感官评定室对鹅胴体进行感官性状检验（图4-1-2～图4-1-7）

（1）色泽、状态和气味检查 如图4-1-2～图4-1-5所示，观察样品的色泽、状态和气味。如图4-1-6所示，称取20g切碎的试样，加水100mL，盖表面皿，加热至50～60℃，闻鹅肉有无异常气味；煮沸后肉汤应透明澄清，脂肪团聚于液面；冷却后品尝肉汤滋味，具有正常鹅肉气味和滋味。

（2）瘀血检查 如图4-1-7所示，瘀血面积大于1cm^{2}的，不得检出；0.5cm^2<面积≤1cm^{2}的片数不得超过抽样量的2%；面积≤0.5cm^{2}的则忽略不计。

图4-1-2　色泽、状态和气味检查

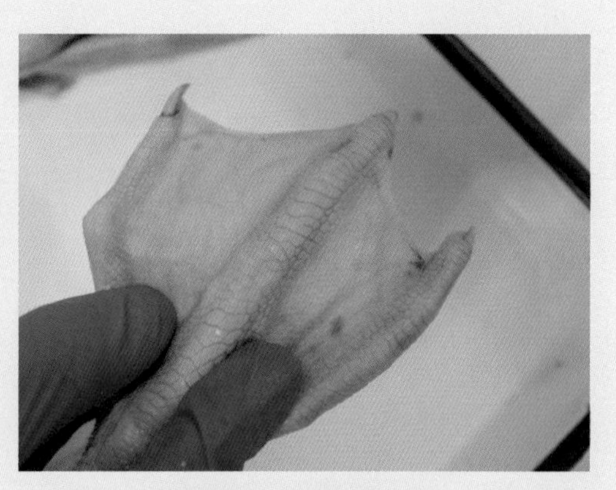

图4-1-3　鹅蹼检查

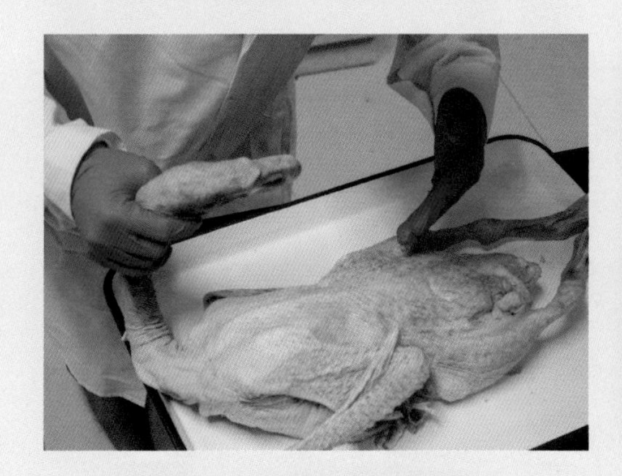

图4-1-4　鹅胴体气味检查

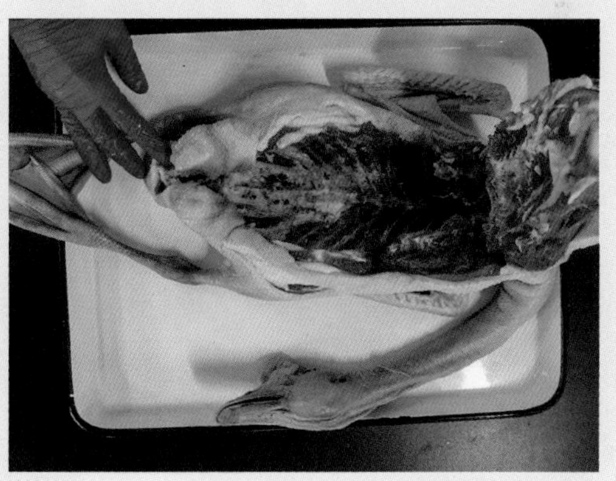

图4-1-5　鹅肉表皮和肌肉切面有光泽，具有该品种鹅肉正常色泽

图4-1-6　鹅肉汤状态、气味与滋味检查

图4-1-7　体表有瘀血点

3．部分脏器检验　对部分脏器进行感官检验（图4-1-8～图4-1-13）。

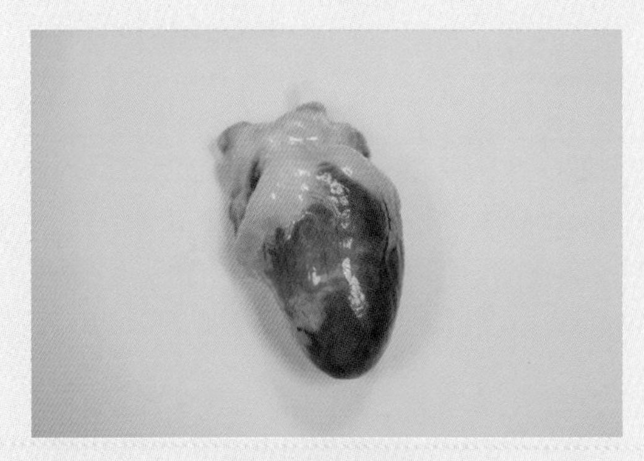

图4-1-8　心脏

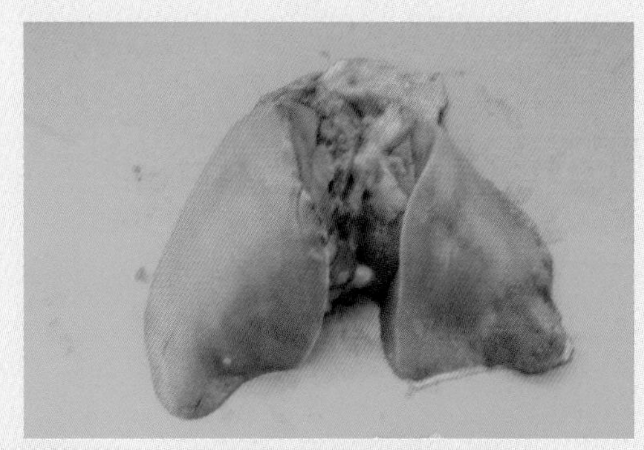

图4-1-9　肝

图4-1-10　脾

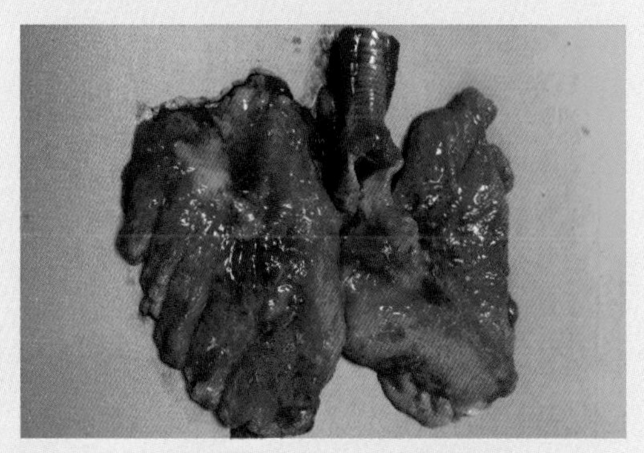

图4-1-11　肺和气管

图4-1-12　肾

图4-1-13　腺胃和肌胃

4．鹅肉取样

（1）新鲜肉的取样　从3～5个胴体或同规格的分割肉上取若干小块混为一份样品。每份样品为500～1500g（图4-1-14、图4-1-15）。

图4-1-14　鹅胴体

图4-1-15　分割鹅肉

（2）冻肉的取样

①成堆产品　在堆放空间的四角和中间设采样点，每点从上、中、下三层取若干小块混为一份样品。每份样品为500～1500g（图4-1-16）。

②包装冻肉　随机从3～5包中取得样品后混合，总量不得少于1000g（图4-1-17）。

③肉制品的取样　每件500g以上的产品，随机从3～5件中取若干小块混合，共500～1500g。

图4-1-16　包装冷冻产品

图4-1-17　冷库中的产品

从堆放平面的四角和中间取样混合，共500～1500g。

二、挥发性盐基氮的测定

标准测定方法依照《食品安全国家标准　食品中挥发性盐基氮的测定》（GB 5009.228—2016）进行。

（一）测定过程

以自动凯氏定氮仪法为例，其操作方法如下。

（1）将样品除去脂肪、骨及腱后，绞碎搅匀，称取瘦肉部分约10.000g。

（2）试样装入蒸馏管中，加入75mL水，振摇，使试样在样液中分散均匀，浸渍30min。

（3）准备利用定氮仪进行样品测定，使用前利用空白的试剂进行试运行，记下空白值V_2（图4-1-18）。

（4）往定氮仪的锥形瓶中加入30mL硼酸接收液（图4-1-19）和10滴甲基红-溴甲酚绿混合指示液（图4-1-20）；同时往试样蒸馏管中加入1g氧化镁（图4-1-21）。

（5）立刻连接到蒸馏器上，按照仪器设定的条件和仪器操作说明书的要求开始测定（图4-1-22）。

（6）取下锥形瓶，用0.1000mol/L盐酸或硫酸标准溶液滴定（图4-1-23）。

（7）滴定至终点，溶液为蓝紫色，记录下体积V_1（图4-1-24）。

（8）测定完毕及时清洗和疏通加液管路和蒸馏系统。

图4-1-18　空白测定

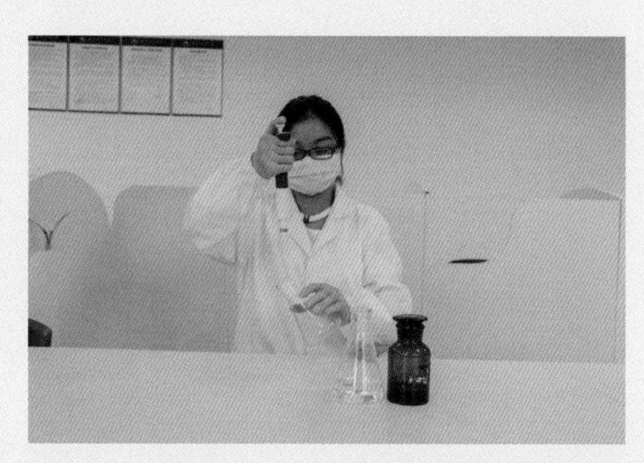

图4-1-19　加硼酸接收液

图4-1-20　加指示剂

图4-1-21　加氧化镁

图4-1-22　开始测定

图4-1-23　用盐酸或硫酸标准溶液滴定

图4-1-24　滴定至终点

（二）分析结果的表述

试样中挥发性盐基氮的含量计算公式为：

$$X = \frac{(V_1-V_2) \times c \times 14}{m} \times 100$$

式中 X ——每百克（毫升）试样中挥发性盐基氮的含量，mg；

V_1——试液消耗盐酸或硫酸标准滴定溶液的体积，mL；

V_2——试剂空白消耗盐酸或硫酸标准滴定溶液的体积，mL；

c ——盐酸或硫酸标准滴定溶液的浓度，mol/L；

14 ——滴定1.0mL盐酸［$c(HCl)=1.000$mol/L］或硫酸［$c(1/2H_2SO_4)=$ 1.000mol/L］标准滴定溶液相当的氮的质量，g/mol；

m ——试样质量（体积），g（mL）；

100 ——计算结果换算为毫克每百克（毫升）的换算系数。

实验结果以重复性条件下获得的两次独立测定结果的算术平均值表示，结果保留三位有效数字。

检出限：称样量为10.0g时，为每百克0.04mg。

第二节 肉品中细菌总数和大肠菌群的测定图解

依据《鲜、冻禽产品》(GB 16869—2005)，微生物指标应符合表4-2-1规定。

表4-2-1 肉品微生物指标

项目	指标	
	鲜禽产品	冻禽产品
菌落总数（CFU/g）≤	1×10^6	5×10^5
大肠菌群（MPN）≤	1×10^4	5×10^3

注：CFU代表菌落形成单位（Colony-forming units），MPN代表最大可能数。

一、菌落总数的测定

菌落总数是指食品检样经过处理，在一定条件下（如培养基、培养温度和培养时间等）培养后，所得每克（毫升）检样中形成的微生物菌落总数。菌落总数主要作为判别食品被污染程度的标志。标准测定方法依照《食品安全国家标准 食品微生物学检测菌落总数测定》(GB 4789.2—2016) 进行（图4-2-1）。

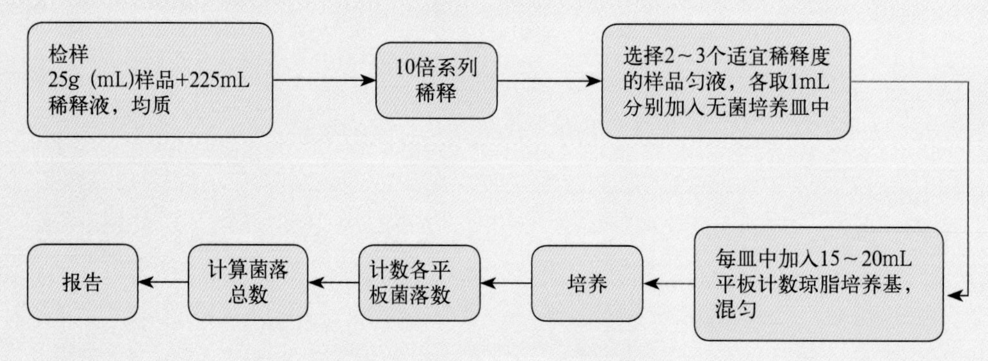

图4-2-1 菌落总数的检验程序

1. 样品处理 试验前对试验所用仪器及培养基进行高压灭菌处理。

称取25g样品放入盛有225mL稀释液（无菌磷酸盐缓冲液或无菌生理盐水）的无

菌均质袋中（图4-2-2），用拍击式均质器拍打1～2min，制成1：10的样品匀液。

2．样品匀液10倍系列稀释　吸取1：10样品匀液1mL。将样品缓慢注入盛有9mL稀释液的无菌试管中（注意吸管或吸头尖端不要触及稀释液面），混合均匀，制成1：100的样品匀液。按上项操作，制备10倍系列稀释样品匀液（图4-2-3、图4-2-4）。

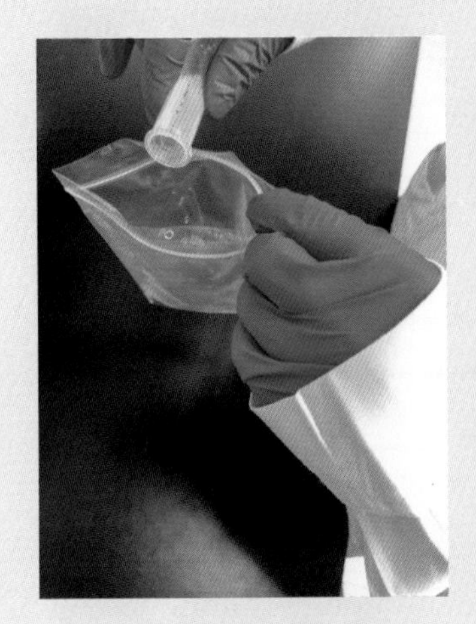

图4-2-2　倒入稀释液

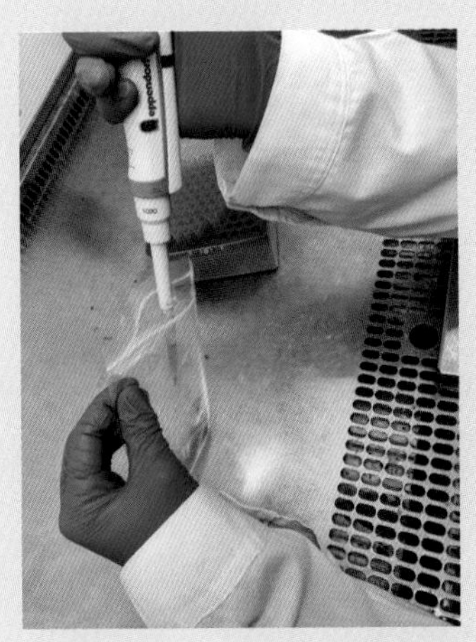

图4-2-3　吸取1:10样品匀液1mL

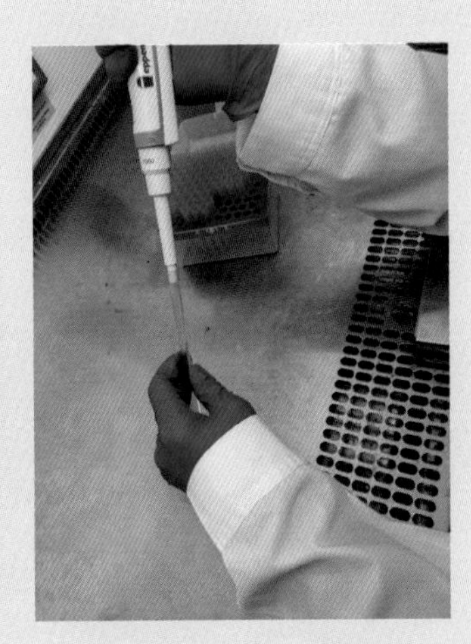

图4-2-4　稀释匀液

3．接种

（1）选择2～3个适宜稀释度的样品匀液。吸取1mL样品匀液于无菌平皿内（图4-2-5）。

（2）将15～20mL冷却至46℃的平板计数琼脂培养基（PCA）倾注平皿，转动平皿混合均匀（图4-2-6）。

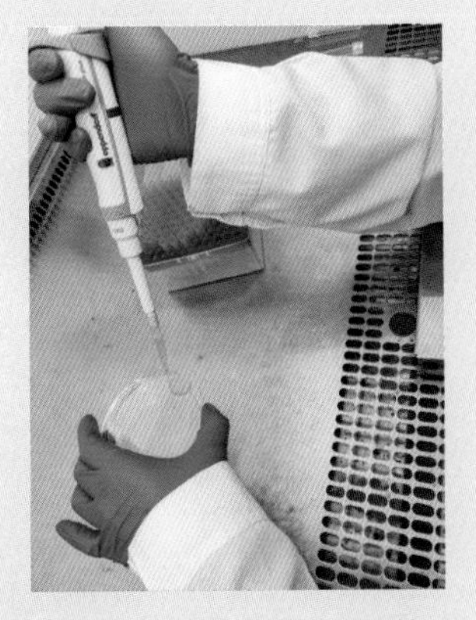

图4-2-5　吸取匀液于平皿内

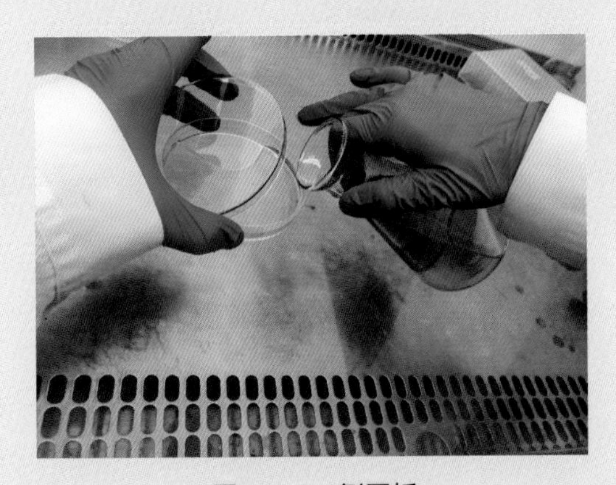

图4-2-6　倒平板

4．培养

（1）待琼脂凝固后，将平板翻转，置培养箱（36±1）℃培养（48±2）h（图4-2-7）。

（2）每个稀释度接种两个平皿，并吸取1mL空白稀释液加入两个无菌平皿内作空白对照。

（3）如果样品中可能含有在琼脂培养基表面弥漫生长的菌落时，可在凝固后的琼脂表面覆盖一薄层琼脂培养基（约4mL），凝固后翻转平板，按上述条件进行培养。

5．菌落计数

（1）肉眼观察菌落生长情况并计数，必要时用放大镜或菌落计数器，记录稀释倍数和相应的菌落数量。菌落计数以菌落形成单位表示（图4-2-8）。

图4-2-7 置培养箱培养

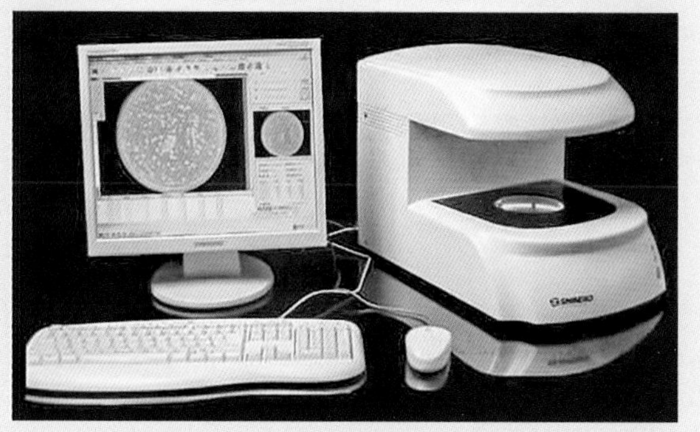

图4-2-8 使用菌落计数器计数

（2）选取菌落数在30～300CFU、无蔓延菌落生长的平板计数菌落总数。低于30CFU的平板记录具体菌落数，大于300CFU可记录为多不可计。每个稀释度的菌落数采用两个平板的平均数（图4-2-9）。

（3）其中一个平板有较大片状菌落生长时，不宜采用，应以无片状菌落生长的平板作为该稀释度的菌落数（图4-2-10）。

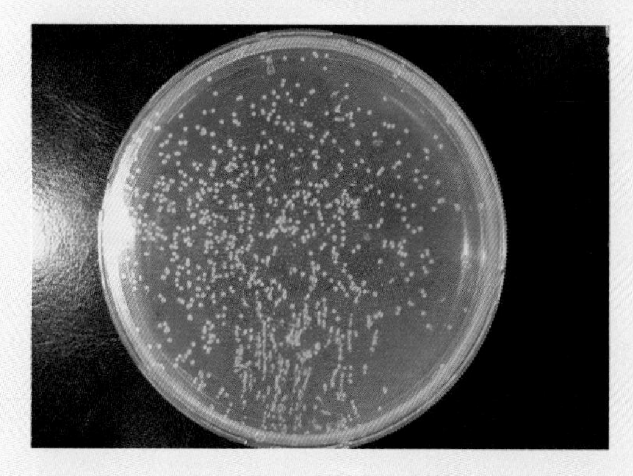

图4-2-9 培养的菌落

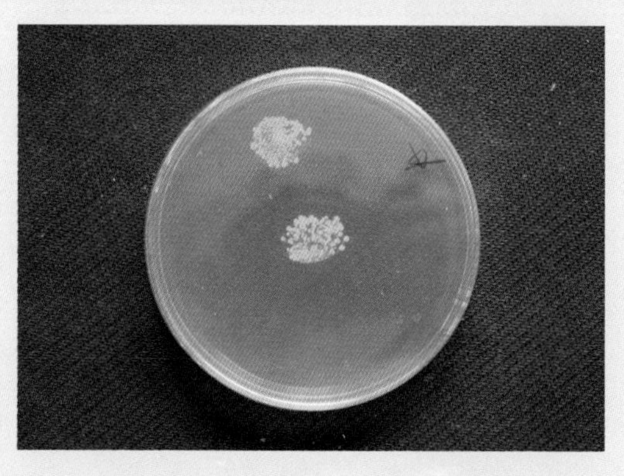

图4-2-10 培养的片状菌落

（4）如果片状菌落不到平板的一半，而其余一半中菌落分布又很均匀，即可计算半个平板后乘以2，代表一个平板菌落数。

（5）平板上出现菌落间无明显界线的链状生长时，每条单链作为一个菌落计数。

6．计算菌落总数

（1）若只有一个稀释度平板上的菌落数在适宜计数范围内，计算两个平板菌落数的平均值，再将平均值乘以相应稀释倍数，作为每克（毫升）样品中菌落总数结果（表4-2-2）。

表4-2-2　一个稀释度平板上的菌落计数

稀释液及菌落数			菌落总数	报告方式
10^{-1}	10^{-2}	10^{-3}	CFU/g 或 CFU/mL	CFU/g 或 CFU/mL
多不可计	164	20	16400	16000或1.6×10^4

（2）若有两个连续稀释度的平板菌落数在适宜计数范围内时，按下式计算：

$$N=\frac{\sum C}{(n_1+0.1n_2)\ d}$$

式中　N——样品中菌落数；

$\sum C$——平板（含适宜范围菌落数的平板）菌落数之和；

n_1——第一稀释度（低稀释倍数）平板个数；

n_2——第二稀释度（高稀释倍数）平板个数；

d——稀释因子（第一稀释度）。

（3）若所有稀释度的平板上菌落数均大于300CFU，则对稀释度最高的平板进行计数，其他平板记录为多不可计，结果按平均菌落数乘以最高稀释倍数计算（表4-2-3）。

表4-2-3　稀释度最高的平板计数

稀释液及菌落数			菌落总数	报告方式
10^{-1}	10^{-2}	10^{-3}	CFU/g 或 CFU/mL	CFU/g 或 CFU/mL
多不可计	多不可计	313	313000	313000或3.1×10^5

（4）若所有稀释度的平板菌落数均小于30CFU，则应按稀释度最低的平均菌落数乘以稀释倍数计算（表4-2-4）。

表4-2-4 稀释度最低的平板计数

稀释液及菌落数			菌落总数	报告方式
10^{-1}	10^{-2}	10^{-3}	CFU/g 或 CFU/mL	CFU/g 或 CFU/mL
27	11	5	270	270或2.7×10^2

(5) 若所有稀释度平板均无菌落生长，则以小于1乘以最低稀释倍数计算（表4-2-5）。

表4-2-5 所有稀释度均无菌落生长计数

稀释液及菌落数			菌落总数	报告方式
10^{-1}	10^{-2}	10^{-3}	CFU/g 或 CFU/mL	CFU/g 或 CFU/mL
0	0	0	1×10	<10

（6）若所有稀释度的平板菌落数均不在30～300CFU，以最接近30CFU或300CFU的平均菌落数计算（表4-2-6）。

表4-2-6 最接近30CFU或300CFU的平均菌落数计数

稀释液及菌落数			菌落总数 CFU/g 或 CFU/mL	报告方式 CFU/g 或 CFU/mL
10^{-1}	10^{-2}	10^{-3}		
多不可计	305	12	30500	31000或3.1×10^4

7. 菌落计数的报告　若所有平板上为蔓延菌落而无法计数，则报告菌落蔓延；若空白对照上有菌落生长，则此次检测结果无效。

二、大肠菌群的测定

依照《食品安全国家标准　食品微生物检验大肠菌群计数》(GB 4789.3—2016)，规定了食品中大肠菌群（Coliform）计数的方法分别有MPN法和平板计数法。

（1）MPN法　MPN法是统计学和微生物学结合的一种定量检测法。待测样品经系列稀释并培养后，根据其未生长的最低稀释度与生长的最高稀释度，应用统计学概率论推算出待测样品中大肠菌群的最大可能数。适用于大肠菌群含量较低的食品中大肠菌群的计数。该方法涉及的两种培养基分别为月桂基硫酸盐胰蛋白胨肉汤（Lauryl sulfate tryptose broth，LST）和煌绿乳糖胆盐肉汤（Brilliant green Lactose bile broth，BGLB）。其检验程序见图4-2-11。

（2）平板计数法　大肠菌群在固体培养基中发酵乳糖产酸，在指示剂的作用下形成可计数的红色或紫色，带有或不带有沉淀环的菌落。适用于大肠菌群含量较高的食品中大肠菌群的计数。

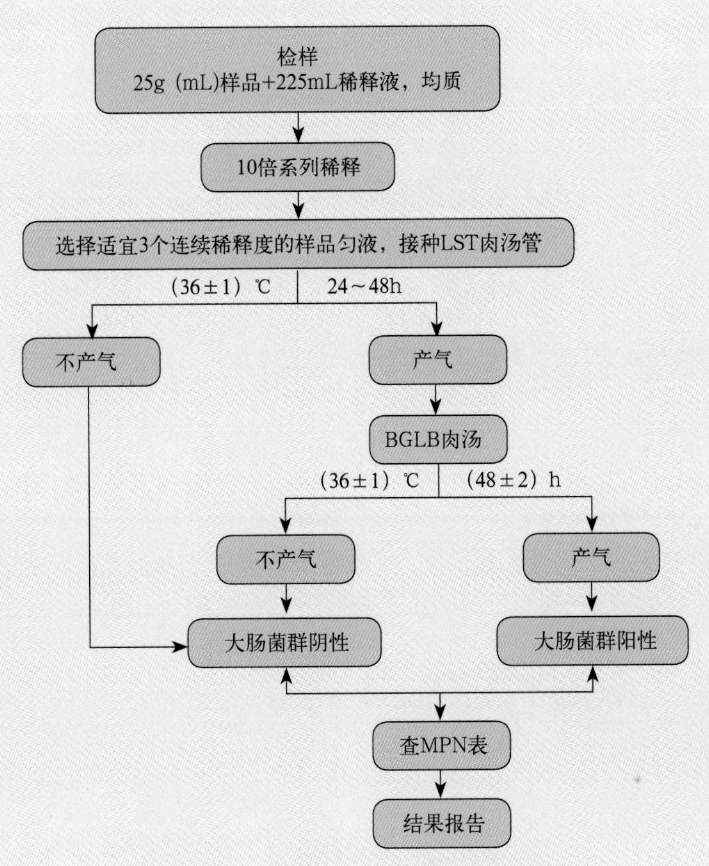

图4-2-11 大肠菌群MPN计数法检验程序

1．样品处理与10倍系列稀释　操作均与菌落总数测定时相同，样品匀液pH应在6.5～7.5。从制备样品匀液至样品接种完毕，全过程不得超过15min。

2．初发酵试验　见图4-2-12～图4-2-15。

图4-2-12 LST肉汤，试管内装有杜氏小管

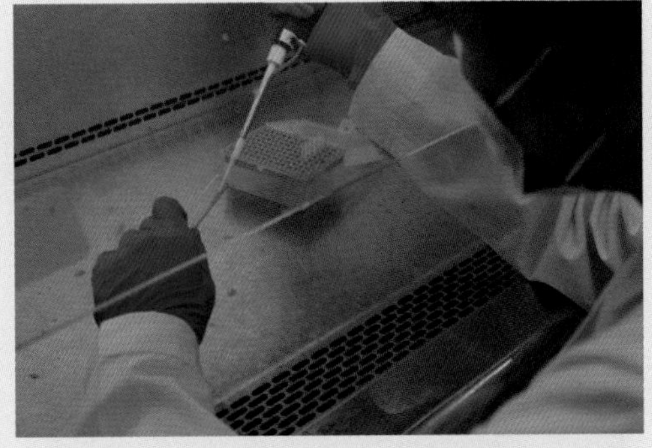

图4-2-13 每个样品选择3个稀释度，各接3管LST肉汤，每管接种1 mL

图4-2-14 （36±1）℃培养（24±2）h，观察管内是否有气泡产生

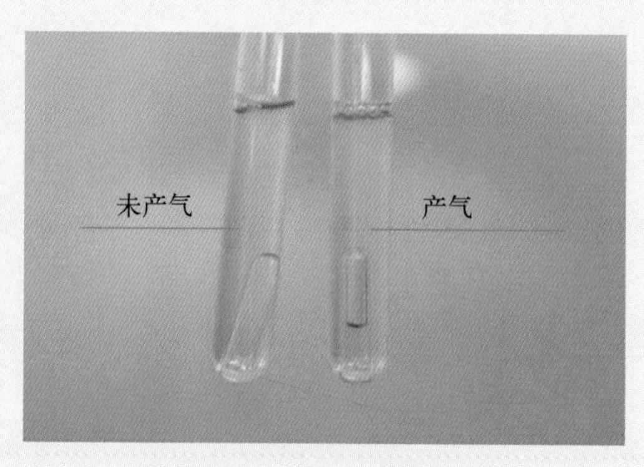

图4-2-15 产气者进行复发酵试验，如未产气继续培养（48±2）h，产气者进行复发酵试验，未产气者为大肠菌群阴性

3．复发酵试验（证实实验） 见图4-2-16～图4-2-20。

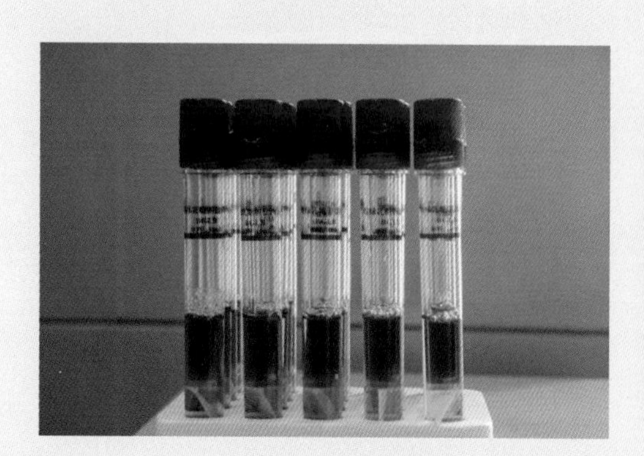

图4-2-16 BGLB肉汤

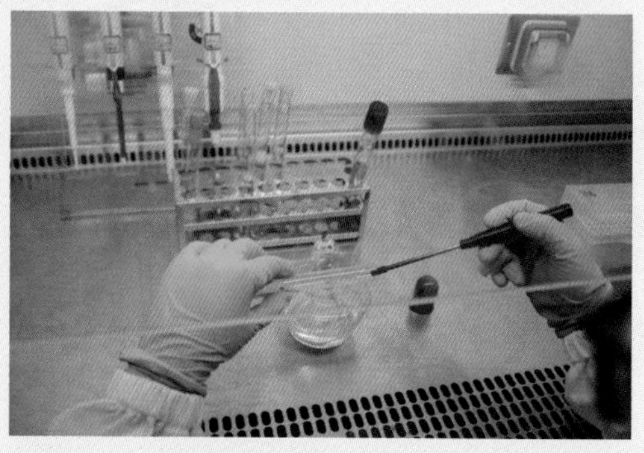

图4-2-17 用接种环从产气的LST肉汤管中分别取培养物1环

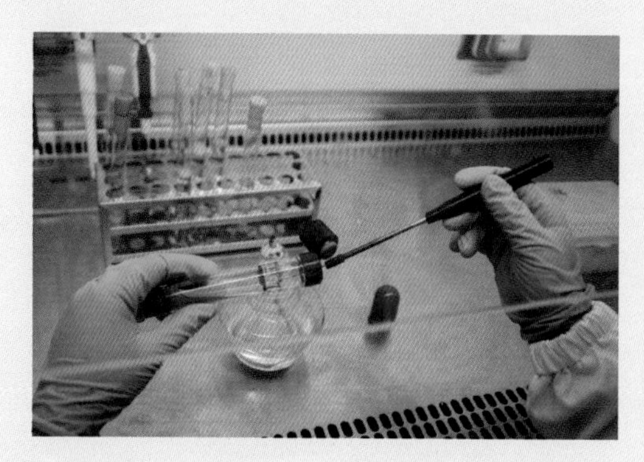

图4-2-18 培养物移种于BGLB管中，各LST产气管接种一管BGLB肉汤

图4-2-19 （36±1）℃培养（48±2）h，观察产气情况

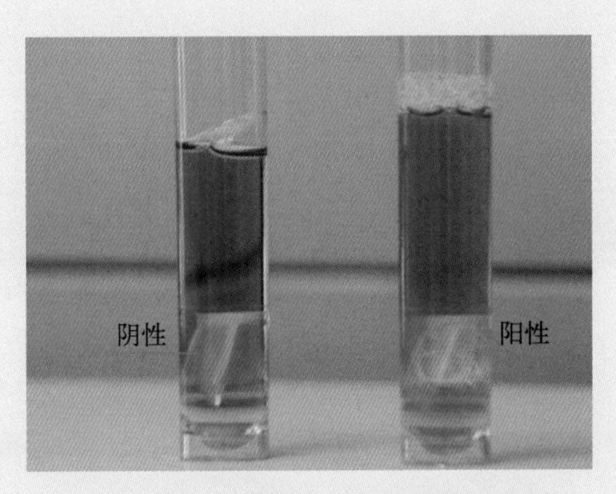

图4-2-20 产气者计为大肠菌群阳性管

4．检索 按复发酵试验确证的大肠菌群BGLB阳性管数检索MPN表（表4-2-7），报告每克（毫升）样品中大肠菌群的MPN值。

表4-2-7 大肠菌群最大可能数（MPN）检索

阳性管数			MPN	95% 可信限		阳性管数			MPN	95% 可信限	
0.10	0.01	0.001		下限	上限	0.10	0.01	0.001		下限	上限
0	0	0	<3.0	—	9.5	2	2	0	21	4.5	42
0	0	1	3.0	0.15	9.6	2	2	1	28	8.7	94
0	1	0	3.0	0.15	11	2	2	2	35	8.7	94
0	1	1	6.1	1.2	18	2	3	0	29	8.7	94
0	2	0	6.2	1.2	18	2	3	1	36	8.7	94
0	3	0	9.4	3.6	38	3	0	0	23	4.6	94
1	0	0	3.6	0.17	18	3	0	1	38	8.7	110
1	0	1	7.2	1.3	18	3	0	2	64	17	180
1	0	2	11	3.6	38	3	1	0	43	9	180
1	1	0	7.4	1.3	20	3	1	1	75	17	200
1	1	1	11	3.6	38	3	1	2	120	37	420
1	2	0	11	3.6	42	3	1	3	160	40	420
1	2	1	15	4.5	42	3	2	0	93	18	420
1	3	0	16	4.5	42	3	2	1	150	37	420
2	0	0	9.2	1.4	38	3	2	2	210	40	430
2	0	1	14	3.6	42	3	2	3	290	90	1 000
2	0	2	20	4.5	42	3	3	0	240	42	1 000
2	1	0	15	3.7	42	3	3	1	460	90	2 000
2	1	1	20	4.5	42	3	3	2	1 100	180	4 100
2	1	2	27	8.7	94	3	3	3	>1 100	420	—

注：本表采用3个稀释度[0.1g（mL）、0.01g（mL）、0.001g（mL）]，每个稀释度接种3管。表内所列检样量如改用1g（mL）、0.1g（mL）和0.01g（mL）时，表内数字应相应降低90%；如改用0.01g（mL）、0.001g（mL）和0.000 1g（mL）时，则表内数字应相应增高10倍，其余类推。

第三节　肉品中兽药残留的测定图解

样品经过提取、净化等前处理后供色谱测定，步骤如下。

（1）装色谱柱　见图4-3-1。

（2）加样　见图4-3-2。

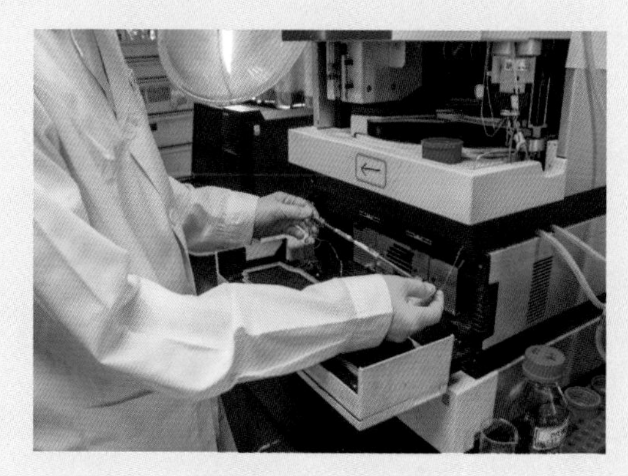

图4-3-1　装色谱柱

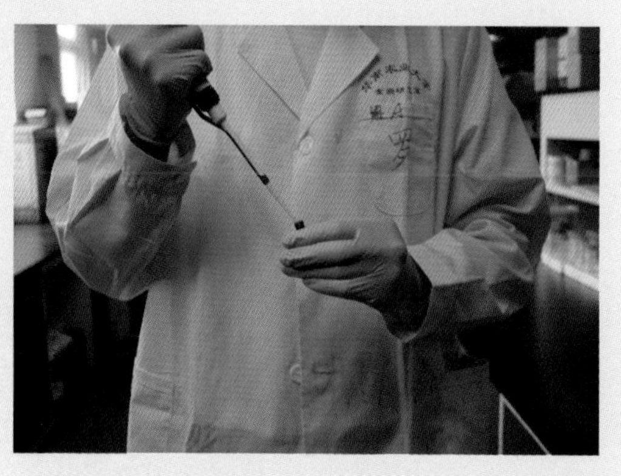

图4-3-2　加样

（3）参数设定　见图4-3-3。

（4）进样　见图4-3-4。

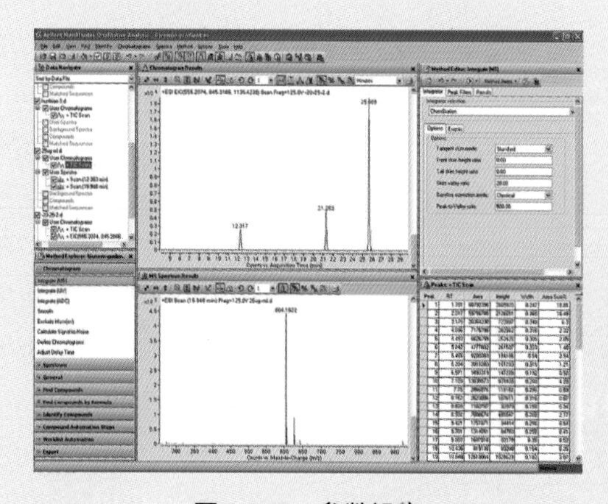

图4-3-3　参数设定

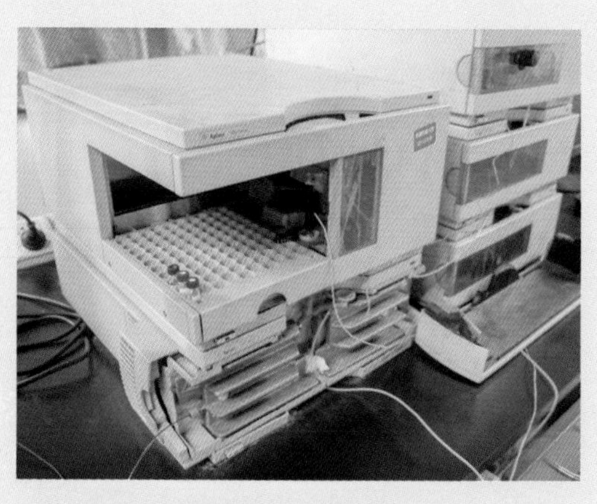

图4-3-4　进样

（5）定性测定　样品图谱中各组分定性离子的相对离子丰度与浓度接近的对照品工作液中对应的定性离子的相对离子丰度比较，若偏差不超过规定的范围，则可判定为样品中存在对应的待测物。

（6）定量测定　绘制标准工作曲线，用标准工作溶液进行定量测定。

（7）平行实验、空白实验。

（8）结果计算（结果扣除空白值）。

一、液相色谱-串联质谱法

1．磺胺类

（1）检出限　表4-3-1列出几种常见磺胺类药物的检出限。

表4-3-1　食品中几种常见磺胺类药物检出限

磺胺类化合物名称	检出限
磺胺甲噻二唑	2.5μg/kg
磺胺醋酰、磺胺嘧啶、磺胺吡啶、磺胺二甲异噁唑、磺胺甲基嘧啶、磺胺氯哒嗪、磺胺-6-甲氧嘧啶、磺胺邻二甲氧嘧啶、磺胺甲基异噁唑	5.0μg/kg
磺胺噻唑，磺胺甲氧哒嗪、磺胺间二甲氧嘧啶	10.0μg/kg
磺胺对甲氧嘧啶、磺胺二甲嘧啶	20.0μg/kg
磺胺苯吡唑	40.0μg/kg

（2）液相色谱条件　见表4-3-2。

表4-3-2　磺胺类液相色谱条件

色谱柱	流动相	流速	柱温	进样量	分流比
Lichrospher100 RP-18，5μm，250 mm×4.6 mm（内径）	乙腈+0.01mol/L乙酸铵溶液（12+88）	0.8mL/min	35℃	40μL	1∶3

（3）质谱条件　见表4-3-3。

表4-3-3　磺胺类质谱条件

离子源	扫描方式	检测方式	电喷雾电压	雾化气压力	气帘气压力	辅助气流速	离子源温度
电喷雾离子源	正离子扫描	多反应监测	5500 V	0.076 MPa	0.069 MPa	6 L/min	350℃

定性离子对、定量离子对、碰撞气能量和去簇电压见表4-3-4。

表4-3-4 16种磺胺类药物的定性离子对、定量离子对、碰撞气能量和去簇电压

中文名称	英文名称	定性离子对（m/z）	定量离子对（m/z）	碰撞气能量（V）	去簇电压（V）
磺胺醋酰	sulfacetamide	215/156 215/108	215/156	18 28	40 45
磺胺甲噻二唑	sulfamethizole	271/156 271/107	271/156	20 32	50 50
磺胺二甲异噁唑	sulfisoxazole	268/156 268/113	268/156	20 23	45 45
磺胺氯哒嗪	sulfachloropyridazine	285/156 285/108	285/156	23 35	50 50
磺胺嘧啶	sulfadiazine	251/156 251/185	251/156	23 27	55 50
磺胺甲基异噁唑	sulfamethoxazole	254/156 254/147	254/156	23 22	50 45
磺胺噻唑	sulfathiazole	256/156 256/107	256/156	22 32	55 47
磺胺-6-甲氧嘧啶	sulfamonomethoxine	281/156 281/215	281/156	25 25	65 50
磺胺甲基嘧啶	sulfamerazine	265/156 265/172	265/156	25 24	50 60
磺胺邻二甲氧嘧啶	sulfadoxine	311/156 311/108	311/156	31 35	70 55
磺胺吡啶	sulfapyridine	250/156 250/184	250/156	25 25	50 60
磺胺对甲氧嘧啶	sulfameter	281/156 281/215	281/156	25 25	65 50
磺胺甲氧哒嗪	sulfamethoxypyridazine	281/156 281/215	281/156	25 25	65 50
磺胺二甲嘧啶	sulfamethazine	279/156 279/204	279/156	22 20	55 60
磺胺苯吡唑	sulfaphenazole	315/156 315/160	315/156	32 35	55 55
磺胺间二甲氧嘧啶	sulfadimethoxine	311/156 311/218	311/156	31 27	70 70

（4）液相色谱-串联质谱测定　16种磺胺类药物液相色谱-串联质谱测定的参考保留时间和混合标准物质总离子流分别见表4-3-5和图4-3-5、图4-3-6。

表4-3-5　16种磺胺类药物参考保留时间

药物名称	保留时间（min）	药物名称	保留时间（min）
磺胺醋酰	2.61	磺胺甲基嘧啶	9.93
磺胺甲噻二唑	4.54	磺胺邻二甲氧嘧啶	11.29
磺胺二甲异噁唑	4.91	磺胺吡啶	11.62
磺胺嘧啶	5.20	磺胺对甲氧嘧啶	12.66
磺胺氯哒嗪	6.54	磺胺甲氧哒嗪	17.28
磺胺甲基异噁唑	8.41	磺胺二甲嘧啶	17.95
磺胺噻唑	9.13	磺胺苯吡唑	22.29
磺胺-6-甲氧嘧啶	9.48	磺胺间二甲氧嘧啶	28.97

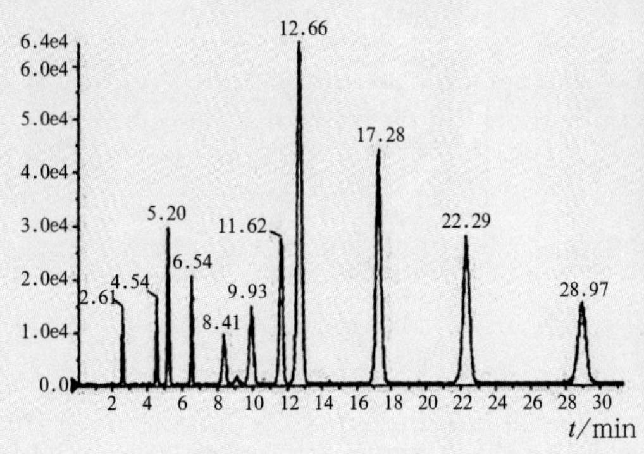

图4-3-5　11种磺胺混合标准物质总离子流

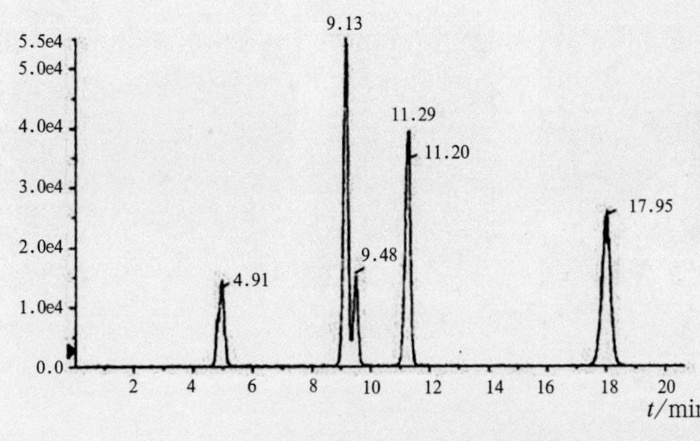

图4-3-6　5种磺胺混合标准物质总离子流

（5）结果计算（扣除空白值） 公式如下。

$$X = c \times \frac{V}{m} \times \frac{1000}{1000}$$

式中 X——试样中被测组分残留量，μg/kg；

c——从标准工作曲线得到的被测组分溶液浓度，ng/mL；

V——试样溶液定容体积，mL；

m——试样溶液所代表试样的质量，g。

2．氯霉素、氟苯尼考及其代谢物

（1）液相色谱条件 见表4-3-6。

表4-3-6 氯霉素、氟苯尼考及其代谢物液相色谱条件

色谱柱	流动相	流速	柱温	进样量
Discovery C_{18}柱，5μm，150mm×2.1mm（内径）	甲醇+水（40+60）	0.30mL/min	40℃	20μL

（2）质谱条件 见表4-3-7。

表4-3-7 氯霉素、氟苯尼考及其代谢物质谱条件

离子源	扫描方式	检测方式	电喷雾电压	雾化气、气帘气、辅助加热气、碰撞气	辅助气温度
电喷雾离子源	负离子扫描	多反应监测（MRM）	−1750 V	高纯氮气	500℃

定性离子对、定量离子对、采集时间、去簇电压及碰撞能量见表4-3-8。

表4-3-8 氯霉素、氟苯尼考的质谱参数

名称	定性离子对（m/z）	定量离子对（m/z）	采集时间（ms）	去簇电压（V）	碰撞能量（V）
氯霉素	320.9/257.0	320.9/152.0	200	−55	−16
	320.9/152.0				−26
氟苯尼考	356.0/336.0	356.0/336.0	200	−55	−14
	356.0/185.0				−27
氘代氯霉素（D5-氯霉素）	326.0/157.0	326.0/157.0	200	−55	−26

定性确证时相对离子丰度的最大允许偏差见表4-3-9。

表4-3-9　定性确证时相对离子丰度的最大允许偏差

相对离子丰度	>50	>20～50	>10～20	<10
允许的最大偏差（%）	±20	±25	±30	±50

氯霉素、氟苯尼考和氘代氯霉素的标准物质的多反应监测（MRM）色谱图见图4-3-7～图4-3-9。

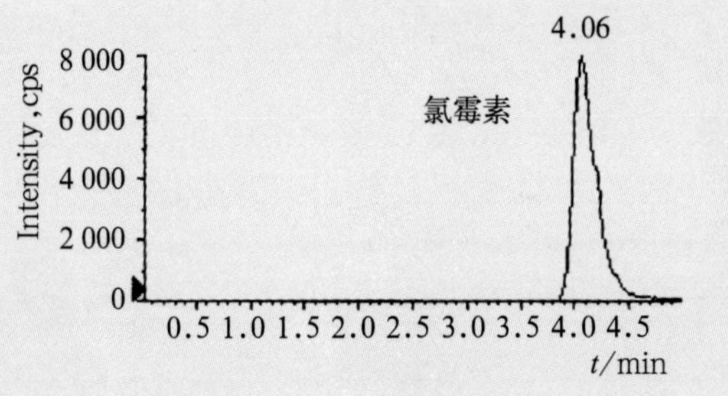

图4-3-7　氯霉素色谱

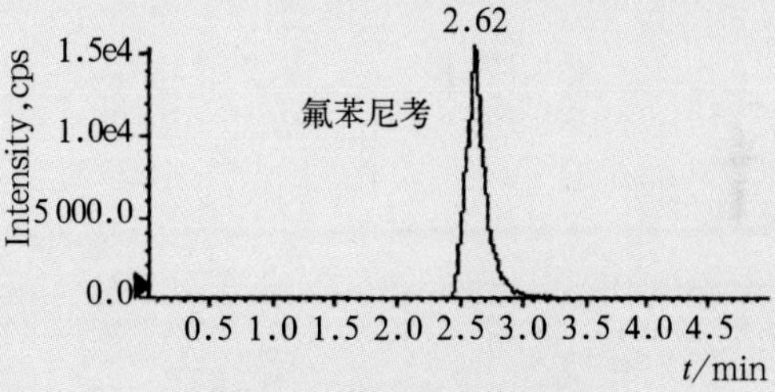

图4-3-8　氟苯尼考色谱

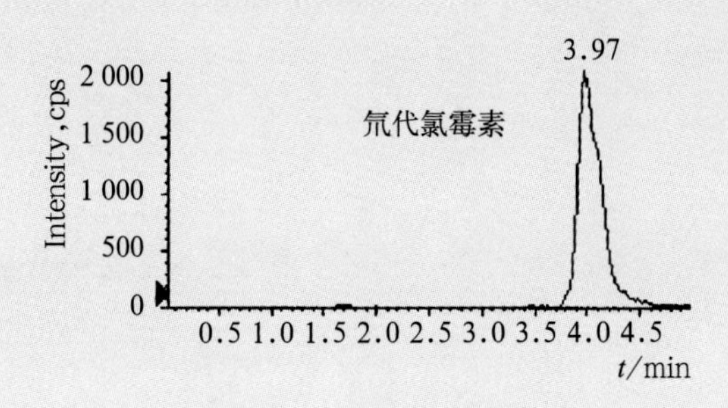

图4-3-9　氘代氯霉素色谱

（3）结果计算　公式如下。

$$X = C_s \times \frac{A}{A_s} \times \frac{c_i}{c_{si}} \times \frac{A_{si}}{A_i} \times \frac{V}{m} \times \frac{1000}{1000}$$

式中 X ——试样中被测物残留量，μg/kg；

C_s ——基质标准工作溶液中被测物的浓度，ng/mL；

A ——试样溶液中被测物的色谱峰面积；

A_s ——基质标准工作溶液中被测物的色谱峰面积；

c_i ——试样溶液中内标物的浓度，ng/mL；

c_{si} ——基质标准工作溶液中内标物的浓度，ng/mL；

A_{si} ——基质标准工作溶液中内标物的色谱峰面积；

A_i ——试样溶液中内标物的色谱峰面积；

V ——样液最终定容体积，mL；

m ——试样溶液所代表试样的质量，g。

注：计算结果应扣除空白值。

3．地塞米松

（1）液相色谱条件　见表4-3-10。

表4-3-10　地塞米松液相色谱条件

色谱柱	流动相	流速	柱温	进样量
Atlantis dC_{18}柱，3μm，150 mm×2.1 mm（内径）	乙腈+0.1%甲酸水（50+50）	200μL/min	30℃	20μL

（2）质谱条件　见表4-3-11。

表4-3-11　地塞米松质谱条件

离子源	扫描方式	检测方式	雾化电流	雾化气压力	气帘气压力	辅助加热气压力	离子源温度
大气压化学电离源（APCI）	正离子扫描	多反应监测	3.00mA	0.276 MPa	0.138 MPa	0.138 MPa	250℃

定性离子对、定量离子对、去簇电压和碰撞能量见表4-3-12。

表4-3-12　地塞米松和甲基强的松龙的质谱参数

名称	定性离子对(m/z)	定量离子对（m/z）	去簇电压（V）	碰撞能量（V）
地塞米松	393.2/373.2 393.2/355.2	393.2/373.2	21 21	14 17
甲基强的松龙	375.2/161.2 375.2/339.2	375.2/161.2	16 16	26 9

（3）液相色谱-串联质谱测定　以甲基强的松龙为内标进行定量测定，定量采用基质标准工作溶液进样，地塞米松和甲基强的松龙标准物质总离子流见图4-3-10。

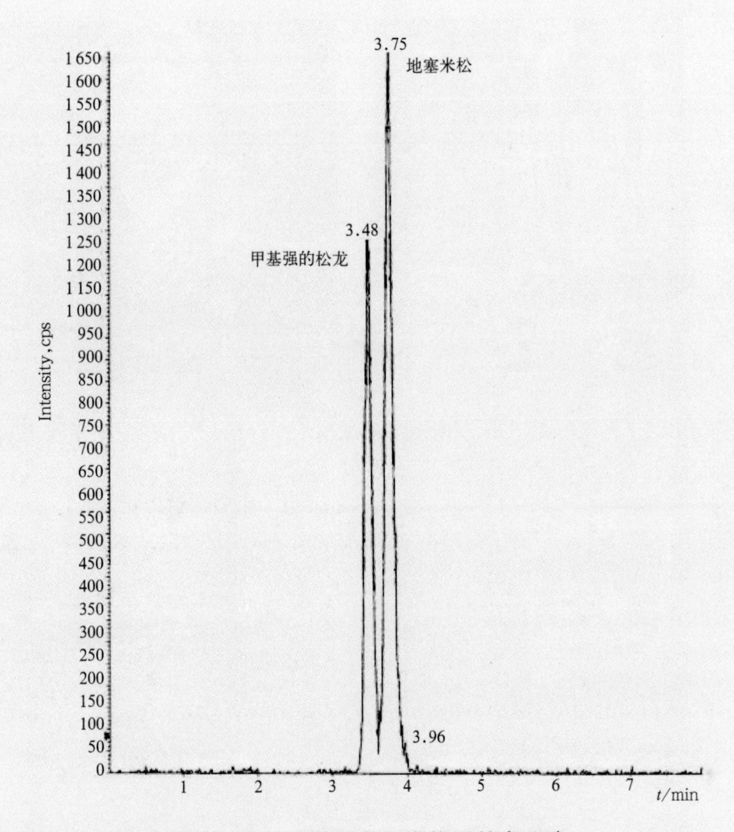

图4-3-10 地塞米松和甲基强的松龙标准物质总离子流

在上述色谱条件和质谱条件下，地塞米松和甲基强的松龙参考保留时间见表4-3-13。

图4-3-13 地塞米松和甲基强的松龙的参考保留时间

名称	保留时间（min）
地塞米松	3.75
甲基强的松龙	3.48

（4）结果计算（结果扣除空白值） 参考氯霉素、氟苯尼考及其代谢物结果计算方法。结果应扣除空白值。

二、超高效液相色谱-串联质谱法

1．金刚烷胺

（1）试样前处理 见图4-3-11和图4-3-12，分别过SPE小柱净化、微孔滤膜过滤。

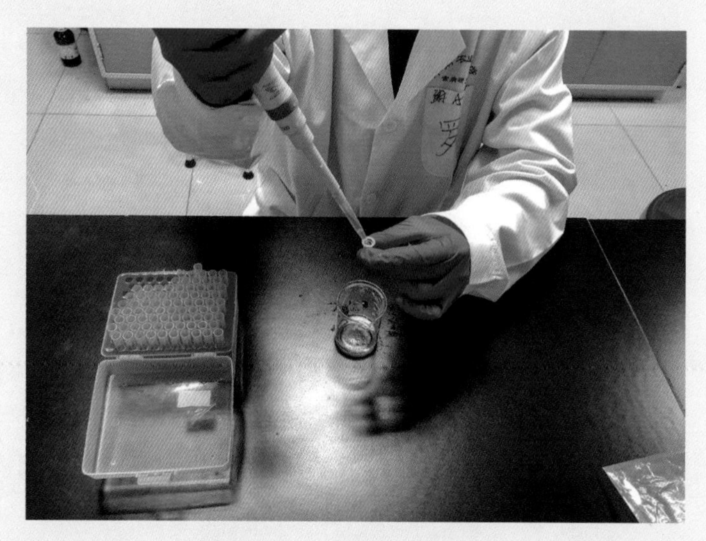

图4-3-11 过SPE小柱净化

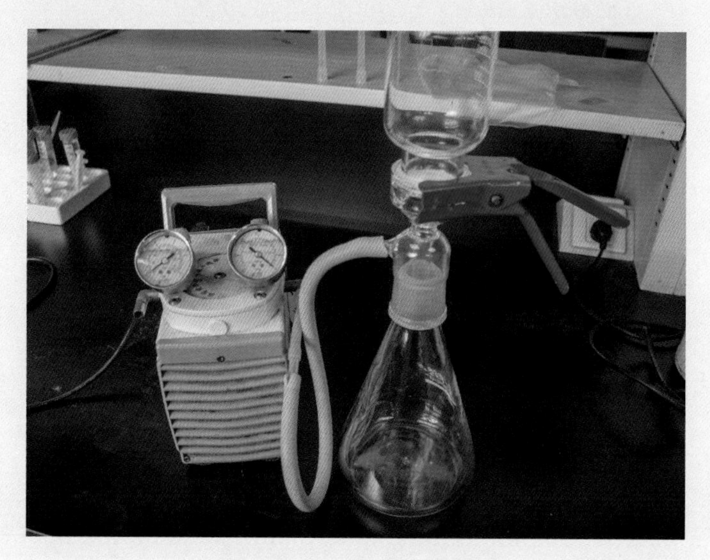

图4-3-12 微孔滤膜过滤

（2）色谱条件 见表4-3-14。

表4-3-14 金刚烷胺色谱条件

色谱柱	柱温	进样量	流动相
C_{18}柱，50mm×2.1mm，1.7 μm	30℃	5 μL	A：0.2%甲酸水溶液；B：甲醇

洗脱程序见表4-3-15。

表4-3-15　金刚烷胺洗脱程序

时间（min）	流速（mL/min）	A相（%）	B相（%）
—	0.3	90	10
1	0.3	20	80
3.1	0.3	20	80
3.2	0.3	90	10
4.0	0.3	90	10

（3）质谱条件　见表4-3-16。

表4-3-16　金刚烷胺质谱条件

离子源	扫描方式	检测模式	毛细管电压	脱溶剂温度	脱溶剂气流量	锥孔气流量
电喷雾离子源	正离子扫描 ESI+	多反应监测	3500 V	350℃	600L/H	50L/H

质谱采集参数见表4-3-17。

表4-3-17　金刚烷胺质谱采集参数

化合物	母离子（m/z）	子离子（m/z）	锥孔电压（V）	碰撞能量（eV）
金刚烷胺(amantadine)	152.0	152.0>135.0	36	28
		152.0>92.9	36	18

（4）定性测定　相对离子丰度偏差范围见表4-3-18。

表4-3-18　相对离子丰度偏差范围

相对丰度（%）	允许偏差（%）
>50	±20
20～50	±25
10～20	±30
≤10	±50

（5）定量测定　取同种基质的空白样品，加入适当浓度的标准溶液，用单点或曲线对样品进行定量，试样溶液中待测物的响应值均应在仪器测定的线性范围内。如果样品中含有待测物质，建议用单个标准品进行定量。

（6）结果计算

$$X=\frac{A_i\times c\times V\times f}{A_s\times m}$$

式中 X——试样中金刚烷胺残留量，μg/kg；

A_i——样品的峰面积；

c——标准溶液浓度，ng/mL；

V——定容体积，mL；

f——样品稀释倍数；

A_s——标液峰面积；

m——样品质量，g。

（7）检测限、定量限　检测限为0.5μg/kg，定量限为1.0μg/kg。

三、高效液相色谱法

1．氟喹诺酮类

（1）色谱条件　见表4-3-19。

表4-3-19　氟喹诺酮类色谱条件

色谱柱	流动相	流速	检测波长	柱温	进样量
C_{18}柱250mm×4.6mm（内径），粒径5μm	0.05mol/L磷酸溶液/三乙胺-乙腈（82+18，v/v），使用前经微孔滤膜过滤	0.8mL/min	激发波长280 nm 发射波长450 nm	室温	20μL

在上述色谱条件下，对照溶液和试样溶液的高效液相色谱图分别见图4-3-13和4-3-14。

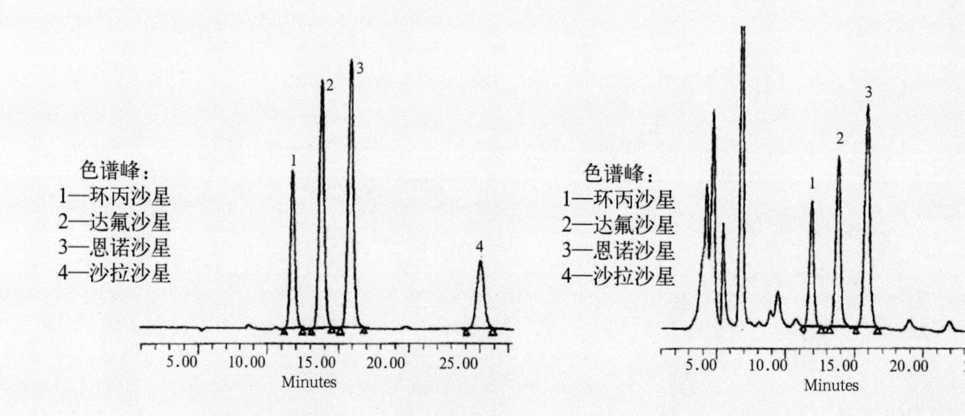

图4-3-13　氟喹诺酮类药物对照溶液色谱　　图4-3-14　试样中氟喹诺酮类药物色谱

（2）结果计算　公式如下。

$$X = \frac{A \times C_s \times V_1 \times V_3}{A_s \times V_2 \times M}$$

式中　X——试样中氟喹诺酮类的残留量，ng/g；

A——试样溶液中相应药物的峰面积；

A_s——对照溶液中相应药物的峰面积；

C_s——对照溶液中相应药物的浓度，ng/mL；

V_1——提取用磷酸盐缓冲液的总体积，mL；

V_2——过C_{18}固相萃取柱所用备用液体积，mL；

V_3——洗脱用流动相体积，mL；

M——供试试料的质量，g。

（3）检测限　检测限为 20 μg/kg。

2．喹乙醇

（1）色谱参考条件　见表4-3-20。

表4-3-20　喹乙醇残留标示物色谱参考条件

色谱柱	流动相	流速	柱温	检测器	检测波长
QDS C_{18}柱3.9mm×150mm	乙腈+水（10+90）	1.0mL/min	35℃	紫外检测器	380 nm

在上述色谱条件下，喹乙醇标准色谱见图4-3-15。

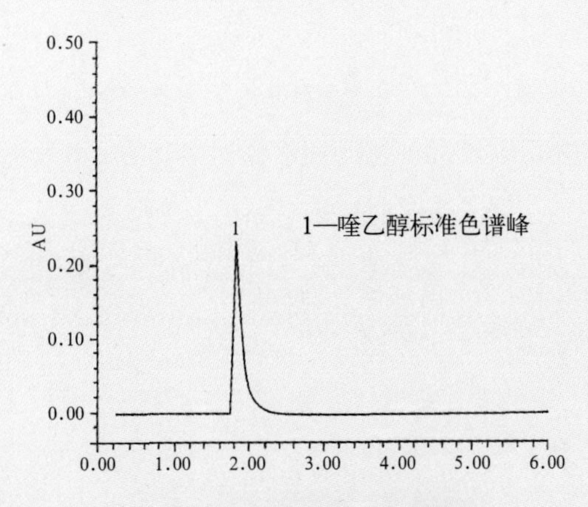

图4-3-15　喹乙醇标准色谱

（2）结果计算　公式如下。

$$X=\frac{c\times V_0\times V\times 1000}{m\times V_1\times 1000}$$

式中　X——样品中喹乙醇残留量，mg/kg；

c——样品峰在标准曲线中查得的相应浓度，μg/mL；

V——样品最终定容体积，mL；

V_0——标准溶液进样体积，μL；

V_1——样品溶液进样体积，μL；

m——样品质量，g。

（3）检出限　检出限为0.04mg/kg。

四、高效液相色谱-串联质谱法

1．硝基呋喃类代谢物

（1）液相色谱条件　见表4-3-21。

表4-3-21　硝基呋喃类代谢物色谱条件

色谱柱	流动相	流速	柱温	进样量
C_{18}柱150mm×2.1 mm（内径），粒径5μm	梯度洗脱：流动相A：0.5mmol/L乙酸铵-甲醇（80+20），流动相B：0.5mmol/L乙酸铵-甲醇（10+90） 0min：A-B（80+20），0.1min：A-B（70+30），8min：A-B（70+30），8.1min：A-B（0+100），12min：A-B（80+20），25min：A-B（80+20）	0.2mL/min	30℃	50μL

（2）质谱条件　见表4-3-22。

表4-3-22　硝基呋喃类代谢物质谱条件

离子源	扫描方式	检测方式	雾化温度	电离电压	雾化气流速	锥孔器流速	源温
电喷雾离子源	正离子扫描	多反应监测	350℃	3.8kV	450 L/h	50 L/h	110℃

定性、定量离子对和锥孔电压及碰撞电压见表4-3-23。

表4-3-23　硝基呋喃类的定性、定量离子对及锥孔电压、碰撞电压

药物	定性离子对（m/z）	定量离子对（m/z）	锥孔电压（V）	碰撞电压（V）
AOZ	236.1>134.1	Sum（236.1>134.1+236.1>104.1）	28	13
	236.1>104.1			22

（续）

药物	定性离子对（m/z）	定量离子对（m/z）	锥孔电压（V）	碰撞电压（V）
AMOZ	335.0 >291.1	Sum (335.0>291.1+335.0>262.0)	26	12
	335.0 >262.0			20
AHD	249.3>178.2	Sum (249.3>178.2+249.3>134.0)	28	13
	249.3>134.0			13
SEM	209.4>192.1	Sum (209.4>192.1+209.4>134.2)	25	10
	209.4>134.2			13
AOZ-D_4	240.1>134.1	240.1>134.1	28	13
AMOZ-D_5	340.0>296.1	340.0>296.1	26	12
AHD-$^{13}C_3$	252.3>134.0	252.3>134.0	28	13
SEM-[1，2-$^{15}N_2$；^{13}C]	212.4>195.1	212.4>195.1	25	10

（3）高效液相色谱-串联质谱测定　取试样溶液和相应的对照溶液，作单点或多点校准，按内标法以峰面积比计算。对照溶液及试样溶液中AOZ、AMOZ、AHD和SEM及内标AOZ−D4、AMOZ−D5、AHD−$^{13}C_3$和 SEM−[1，2-$^{15}N_2$；^{13}C]的峰面积之比均应在仪器检测的线性范围之内。空白溶液、对照溶液和试样溶液中各特征离子的质量色谱分别见图4-3-16～图4-3-18。

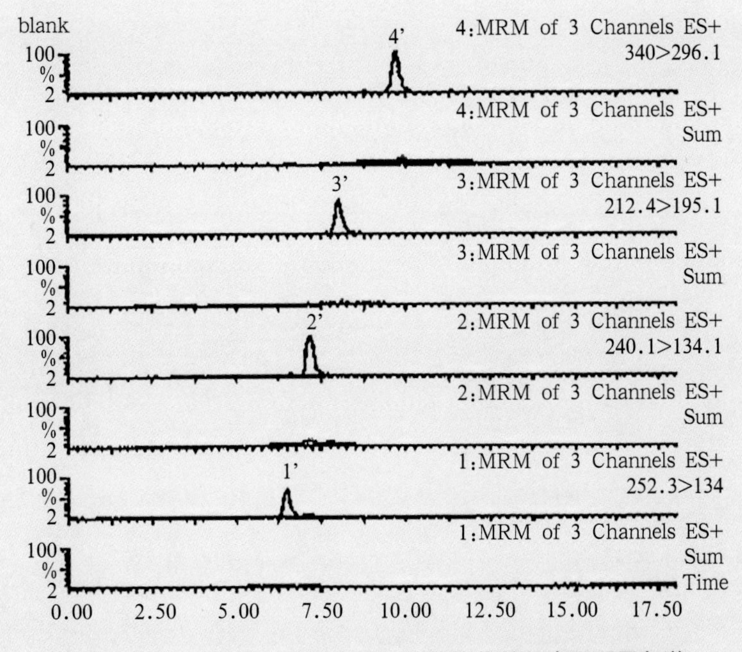

图4-3-16　空白溶液中硝基呋喃类代谢物特征离子质量色谱

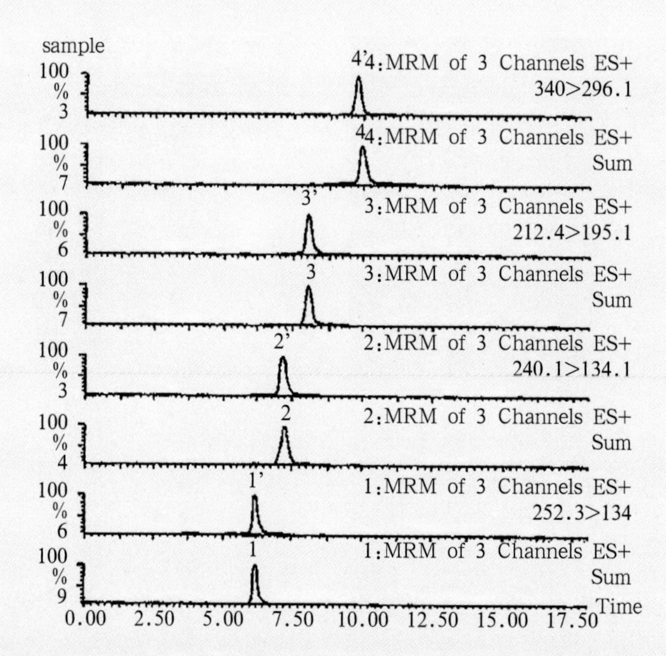

图4-3-17　动物源食品中硝基呋喃类代谢物特征高于质量色谱

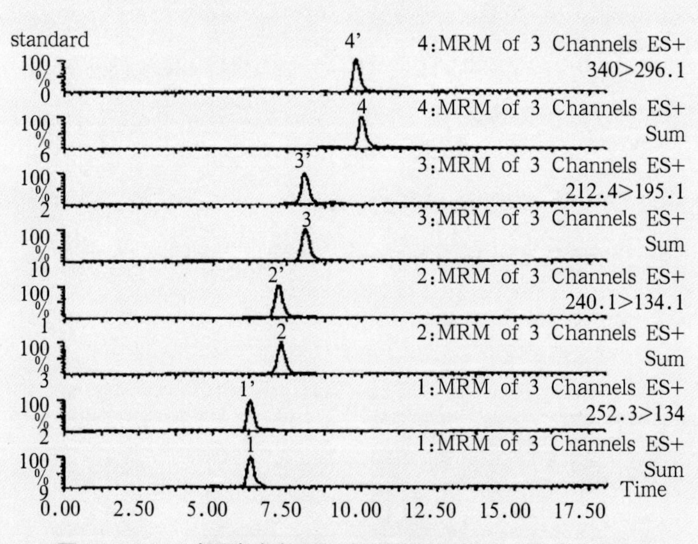

图4-3-18　对照溶液中硝基呋喃类代谢物特征离子质量色谱

（4）结果计算和表述（计算结果需扣除空白值）

单点校准：

$$C_i = \frac{A_i \times A'_{is} \times c_s \times c_{is}}{A_{is} \times A_s \times c'_{is}}$$

或标准曲线校准，由

$$\frac{A_s}{A'_{is}} = a\ \frac{c_s}{c'_{is}} + b$$

求得a和b，则

$$c_i = \frac{c_{is}}{a}\left(\frac{A_i}{A_{is}} - b\right)$$

按下式计算试料中AOZ、AMOZ、AHD和SEM残留量：

$$X = \frac{c_i V}{m}$$

式中 c_i——试料溶液中相应硝基呋喃类代谢物的浓度，ng/mL；

c_{is}——试料溶液中相应硝基呋喃类代谢物内标的浓度，ng/mL；

c_s——对照溶液中相应硝基呋喃类代谢物的浓度，ng/mL；

c'_{is}——对照溶液中相应硝基呋喃类代谢物的浓度，ng/mL；

A_i——试样溶液中相应硝基呋喃类代谢物的峰面积；

A_{is}——试样溶液中相应硝基呋喃类代谢物内标的峰面积；

A_s——对照溶液中相应硝基呋喃类代谢物的峰面积；

A'_{is}——对照溶液中相应硝基呋喃类代谢物内标的峰面积；

X——试料中相应硝基呋喃类代谢物的残留量，ng/g；

V——溶解残余物所得试样溶液体积，mL；

m——组织样品的质量，g。

（5）检测限 AOZ、AMOZ、AHD和SEM在动物源食品中的检测限为0.25ng/g，定量限为0.5ng/g。

第四节 肉品中非法添加物的测定

一、β-受体激动剂的残留检测

根据农业部1025号公告，β-受体激动剂（包括特布他林、西马特罗、沙丁胺醇、非诺特罗、氯丙那林、莱克多巴胺、克伦特罗、妥布特罗和喷布特罗）残留的检测方法、检测步骤及结果判定按《动物源性食品中β-受体激动剂残留检测方法 液相色谱-质谱/质谱法》(GB/T 21313—2007）进行。

1．样品制备 样品制备过程如下。

（1）酶解 准确称取2g（精确到0.01g）测试样品于50mL离心管内，加入0.2moL/L乙酸铵溶液（pH 5.2）8.0mL，再加入β-盐酸葡萄糖醛苷酶/芳基硫酸酯酶40μL，涡旋混匀，于37℃下避光水浴16h。

（2）提取 酶解后放置至室温，涡旋混匀，10 000r/min高速离心10min，倾出上清液于另一50mL离心管内，加入0.1moL/L高氯酸溶液5mL，涡旋混匀，用高氯酸调pH至1.0±0.2，10 000r/min离心10min后，将上清液转移至另一50mL离心管内。用10moL/L NaOH溶液调pH至9.5±0.2，加入乙酸乙酯15mL，涡旋混匀，并振荡10min，5 000r/min离心5min，取出上层有机相至另一50mL离心管内。再在下层水相中加入叔丁基甲醚10mL，涡旋混匀，并振荡10min，5 000r/min离心5min，合并有机相，50℃下氮气吹干，用2%甲酸溶液5mL溶解，备用。

（3）净化 MCX固相萃取柱依次用甲醇、水、2%甲酸溶液各3.0mL活化，取备用液全部过柱，再依次用2%甲酸溶液、甲醇各3.0mL淋洗，抽干，用3%氨水甲醇溶液2.5mL洗脱；洗脱液在50℃下用氮气吹干。

残余物用甲醇-0.1%甲酸溶液（10：90，V/V）2.0mL溶解，涡旋混匀，15 000r/min高速离心10min，取上清液适量，供液相色谱-串联质谱仪测定。

2．液相色谱-串联质谱测定

（1）液相色谱参考条件

①色谱柱：BEH C_{18}（50×2.1mm，1.7μm）或相当者。

②流动相

A相：0.1%甲酸乙腈溶液。

B相：0.1%甲酸水溶液。

③梯度洗脱 0～2min，维持4%A；2～12min，4%A线性变化至60%；12～12.1min，60%A线性变化至4%A；12.1～16min，维持4%A。

④流速 0.3mL/min。

⑤柱温 30℃。

⑥进样量 10μL。

（2）质谱参考条件

①离子源 电喷雾离子源。

②扫描方式　正离子扫描。

③检测方式　多反应监测。

④电离电压　3.2kV。

⑤源温　110℃。

⑥雾化温度　350℃。

⑦锥孔气流速　50L/h。

⑧雾化气流速　650L/h。

药物保留时间，定性、定量离子对及锥孔电压，碰撞能量见表4-4-1。

表4-4-1　9种β-受体激动剂保留时间，定性、定量离子对及锥孔电压，碰撞能量

药物	保留时间（min）	定性离子对（m/z）	定量离子对（m/z）	锥孔电压（V）	碰撞能量（eV）
特布他林	1.94	226.15>124.67 226.15>151.74	226.15>151.74	25	22 15
西马特罗	1.98	220.18>201.95 220.18>129.77	220.18>201.95	20	10 16
沙丁胺醇	2.08	240.17>147.70 240.17>221.97	240.17>147.70	22	18 10
非诺特罗	3.83	304.15>134.61 304.15>106.59	304.15>106.59	35	18 30
氯丙那林	4.81	214.13>153.75 214.13>195.97	214.13>153.75	25	18 12
莱克多巴胺	4.96	302.33>106.77 302.33>163.87	302.33>163.87	25	28 15
克伦特罗	5.38	277.11>202.78 277.11>259.94	277.11>202.78	25	15 10
妥布特罗	5.39	228.22>153.90 228.22>171.88	228.22>153.90	25	15 12
喷布特罗	8.76	292.36>236.22 292.36>201.00	292.36>236.22	30	15 20

（3）测定法　取试料溶液和空白添加标准溶液，做单点或多点校准，外标法计算即得。试料溶液及空白添加标准溶液中特布他林、西马特罗、沙丁胺醇、非诺特罗、氯丙那林、莱克多巴胺、克伦特罗、妥布特罗和喷布特罗的峰面积均应在仪器检测范围之内。试料溶液中的离子相对丰度与空白添加标准溶液中的离子相对丰度相比，符合表4-4-2的要求。9种β-受体激动剂特征离子的质量色谱见图4-4-1。

表4-4-2 试料溶液中离子相对丰度的允许偏差范围

相对丰度（%）	允许偏差（%）
>50	±20
>20~50	±25
>10~20	±30
≤10	±50

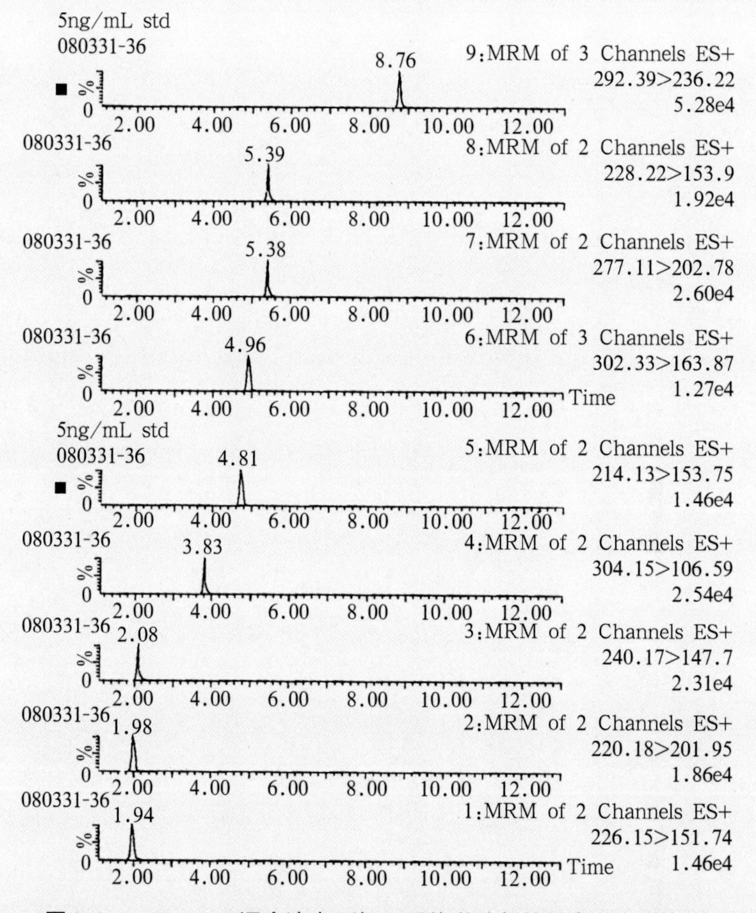

图4-4-1 5ng/mL混合液中9种β-受体激动剂特征离子质量色谱

特布他林特征离子质量色谱（226.15>151.74），西马特罗特征离子质量色谱（220.18>201.954），沙丁胺醇特征离子质量色谱（240.17>147.70），非诺特罗特征离子质量色谱（304.15>106.59），氯丙那林特征离子质量色谱（214.13>153.75），莱克多巴胺特征离子质量色谱（302.33>163.87），克伦特罗特征离子质量色谱（277.11>202.78），妥布特罗特征离子质量色谱（228.22>153.90），喷布特罗特征离子质量色谱（292.36>236.22）。

（4）空白试验 取空白试料，采用完全相同的测定步骤进行。

(5) 结果计算和表述　单点校准公式如下。

$$X=\frac{X_s A m_s}{A_s m}$$

或空白添加标准曲线校准，由公式

$$A_s = a X_s + b$$

求得a和b，则

$$X=\frac{A-b}{a}$$

式中　X——供试试料中β-受体激动剂残留量，μg/kg；

X_s——空白添加试料中相应β-受体激动剂浓度，μg/kg；

A——供试试料中相应β-受体激动剂峰面积；

A_s——空白添加试料中相应β-受体激动剂峰面积；

m_s——空白试料质量，g；

m——供试试料质量，g。

计算结果应扣除空白值，测定结果用平行测定的算术平均值表示，保留三位有效数字。

(6) 检出限　检出限为0.5μg/kg。

二、肉品中的水分及其测定

(一) 蒸馏法

(1) 称取适量试样，质量记为m（试样量使最终蒸出的水在2～5mL），放入250mL蒸馏瓶中，加入新蒸馏的甲苯（可用二甲苯代替）75mL（图4-4-2、图4-4-3）。

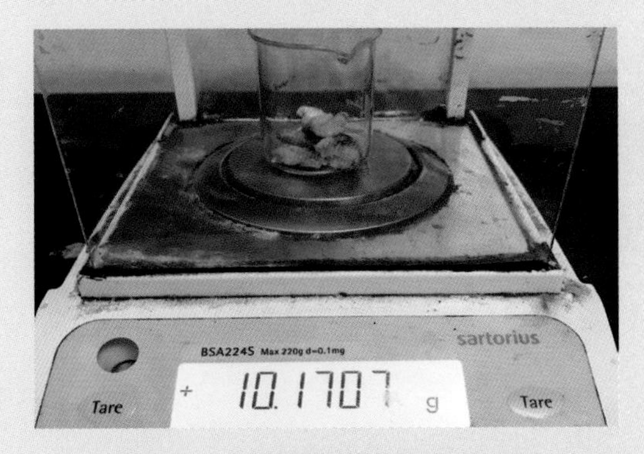

图4-4-2　称取鹅肉样品（约10g）

图4-4-3　加入75mL甲苯

（2）连接冷凝管与水分接收管（图4-4-4），从冷凝管顶端注入甲苯，装满水分接收管（图4-4-5）。

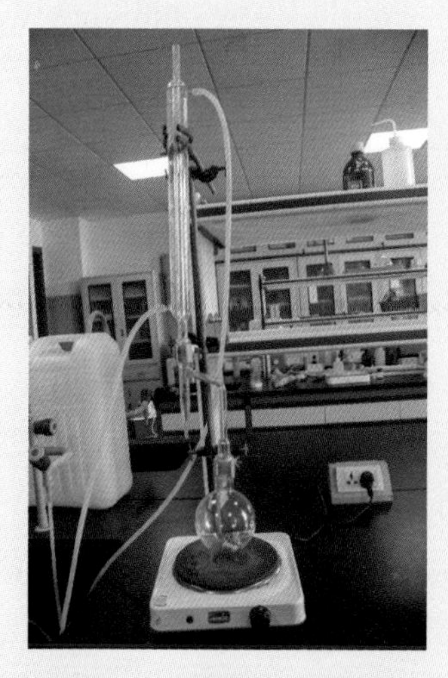

图4-4-4 连接水分测定器

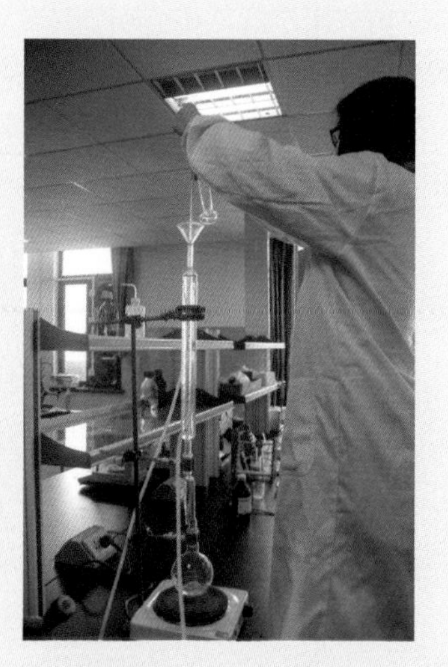

图4-4-5 注入甲苯

（3）同时做甲苯的试剂空白，读取接收管水层的容积V_0。

（4）加热蒸馏，使每秒馏出2滴，待大部分水分蒸出后，加速蒸馏约每秒4滴（图4-4-6、图4-4-7）。

图4-4-6 初始蒸馏速度为2滴/s

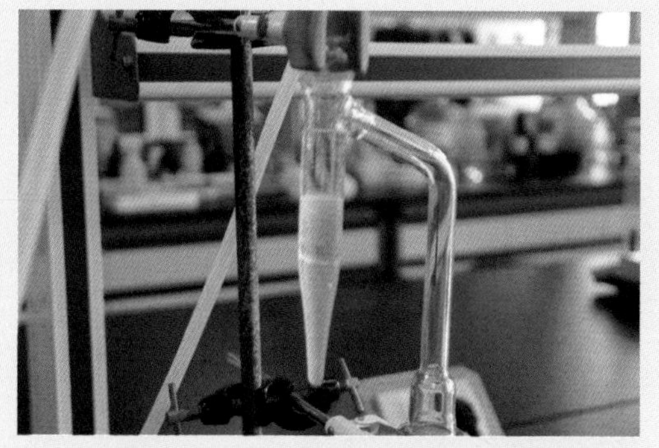

图4-4-7 蒸馏完毕下层为水层

（5）当水分全部蒸出，即接收管内的水体积不再增加时，从冷凝管顶端加入甲苯冲洗，如冷凝管壁附有水滴，可用附有小橡皮头的铜丝擦下，再蒸馏片刻至接收管上部及冷凝管壁无水滴附着。

（6）接收管水平面保持10min不变为蒸馏终点，读取接收管水层的容积V。

（7）计算待测鹅肉样品水分含量，公式如下。

$$X = \frac{V - V_0}{m} \times 100\%$$

式中 X ——鹅肉样品水分含量，%；

V ——接收管水层的容积，mL；

V_0 ——空白试验中接收管水层的容积，mL；

m ——试样质量，g。

（二）直接干燥法

（1）取洁净铝制或玻璃制的扁形称量瓶，置于101～105℃干燥箱中，瓶盖斜支于瓶边，加热1.0h，取出盖好，置干燥器内冷却0.5h，称量，并重复干燥至前后两次质量差不超过2mg，即为恒重。

（2）称取2～10g混合均匀的试样（精确至0.0001g），放入此称量瓶中，精密称量后，置101～105℃干燥箱中，瓶盖斜支于瓶边，干燥2～4h，盖好取出，放入干燥器内冷却0.5 h后称量。

（3）然后再放入101～105℃干燥箱中干燥1h左右，取出，放入干燥器内冷却0.5h后再称量。并重复以上操作至前后两次质量差不超过2mg，即为恒重。

注：两次恒重值在最后计算中，取最后一次的称量值。

（4）测定结果表述　试样中的水分的含量按以下公式进行计算。

$$X = \frac{m_1 - m_2}{m_1 - m_3} \times 100\%$$

式中 X ——每百克试样中水分的含量，g；

m_1 ——称量瓶（加海砂、玻棒）和试样的质量，g；

m_2 ——称量瓶（加海砂、玻棒）和试样干燥后的质量，g；

m_3 ——称量瓶（加海砂、玻棒）的质量，g。

每百克水分含量≥1g时，计算结果保留三位有效数字；每百克水分含量＜1g时，结果保留两位有效数字。

第五章

检验检疫结果处理图解

第一节　宰前检验检疫结果的处理

经宰前检验检疫，符合规定的健康鹅，准予屠宰。发现病鹅和可疑病鹅时，应根据疾病的性质、发病程度、有无隔离条件等，采用禁宰、缓宰和隔离、急宰等方法处理。

一、合格处理

经宰前检验检疫，鹅入场（厂、点）时，具备有效的《动物检疫合格证明》、证物相符，入场临床检查健康；需要进行实验室疫病监测的，检测结果合格；经宰前静养后，宰前检疫检验合格，准予屠宰。可由检疫人员签发准宰证明，并回收《动物检疫合格证明》。

二、不合格处理

经检疫，发现存在证物不符、检疫证明无效、有病或疑似有病、注水或注入其他物质等情况，填写《急宰通知书》《隔离观察通知书》《动物检疫处理通知单》，并按以下规定处理。

（1）发现有高致病性禽流感、新城疫等疫病症状的，限制移动，并按照《动物防疫法》《重大动物疫情应急条例》《动物疫情报告管理办法》和《病死及病害动物无害化处理技术规范》（农医发〔2017〕25号）等有关规定处理。

（2）发现有鸭瘟、禽痘、禽结核病等疫病症状的，患病鹅按国家有关规定处理。

（3）怀疑患有《家禽屠宰检疫规程》（农医发〔2010〕27号）规定疫病及临床检查发现其他异常情况的，按相应疫病防治技术规范进行实验室检测，并出具检测报告。实验室检测须由省级动物卫生监督机构指定的具有资质的实验室承担。

（4）发现患有《家禽屠宰检疫规程》（农医发〔2010〕27号）规定以外疫病的，隔离观察，确认无异常的，准予屠宰；隔离期间出现异常的，按《病死及病害动物无害化处理技术规范》（农医发〔2017〕25号）等有关规定处理。

（5）消毒　官方兽医监督场（厂、点）方对患病家禽的处理场所等进行消毒。监督货主在卸载后对运输工具及相关物品等进行消毒。

第二节 宰后检验检疫结果的处理

一、合格处理

经宰后检验检疫合格的，由官方兽医出具《动物检疫合格证明》，加施检疫标志。在动物产品包装箱加施动物产品检疫合格标志（大标签），内包装袋加施动物产品检疫合格标志（小标签）。

二、不合格处理

由官方兽医出具《动物检疫处理通知单》，并按以下规定处理。

（1）发现患有《家禽屠宰检疫规程》（农医发〔2010〕27号）规定疫病（高致病性禽流感、新城疫、鸭瘟、鹅痘及禽结核）的，按规程和有关规定处理。

（2）发现患有《家禽屠宰检疫规程》（农医发〔2010〕27号）规定以外其他疫病的，患病鹅屠体及副产品按《病死及病害动物无害化处理技术规范》（农医发〔2017〕25号）的规定处理，污染的场所、器具等按规定实施消毒，并做好《生物安全处理记录》。

三、监督场（厂、点）方做好检疫后病害动物及废弃物的无害化处理

官方兽医要监督屠宰场（厂、点）做好检疫后病害动物及废弃物的无害化处理，具体按《病死及病害动物无害化处理技术规范》（农医发〔2017〕25号）要求执行，见本章第四节。

第三节 检验检疫记录

一、宰前检验检疫记录

在宰前检疫前检验收缴动物检疫合格证明，填写《动物屠宰检验检疫处理记录

（宰前）》（表5-3-1），一并归档保存。

判为急宰的鹅，填写其宰前检疫后的处理结果；患病鹅经生物安全处理后填写表5-3-1，以供对同群鹅宰后检疫时综合判定、处理。

表5-3-1 动物屠宰检验检疫处理记录（宰前）（供参考）

日期	畜主	产地	数量	检疫证明编号	宰前检疫及处理							签字人
					合格		不合格					
					数量	待宰圈号					处理方法	

注：1.检疫证明编号一栏填写动物原产地动物卫生监督机构出具的检疫证明编号。

2.不合格栏中填写不合格原因，下栏写数量（只）。

官方兽医每日填写《屠宰检疫工作情况日记录表》（表5-3-2）。

表5-3-2 屠宰检疫工作情况日记录表

动物卫生监督所（分所）名称： 屠宰场名称： 屠宰动物种类：

申报人	产地	入场数量（头、只、羽、匹）	入场监督查验			宰前检查		同步检疫			官方兽医姓名	备注
			临床情况	是否佩戴规定的畜禽标识	回收《动物检疫合格证明》编号	合格数（头、只、羽、匹）	不合格数（头、只、羽、匹）	合格数（头、只、羽、匹）	出具《动物检疫合格证明》编号	不合格并处理数（头、只、羽、匹）		
合计												

检疫日期： 年 月 日

注：1.“申报人”填写货主姓名。

2.“产地”应注明被宰动物产地的省、市、县、乡及养殖场（小区）、交易市场或村名称。

3.“临床情况”应填写“良好”或“异常”。

4.“官方兽医姓名”应填写出具动物检疫合格证明或检疫处理通知单的官方兽医姓名。

5.日记录表填写完成后需对各个项目进行汇总统计，录入合计栏。“入场数量”“宰前检查合格数”“宰前检查不合格数”“同步检疫合格数”“同步检疫不合格并处理数”录入合计数量，“产地”“检疫人员姓名”录入不同的产地、检疫人员的个数，“回收动物检疫合格证明编号”“出具《动物检疫合格证明》编号”录入回收《动物检疫合格证明》、出具《动物检疫合格证明》的总数。

二、宰后检验检疫记录

检疫人员根据对鹅群屠体检查、内脏检查和体腔检查的结果，填写《动物屠宰检疫处理记录（宰后）》（表5-3-3）。

表5-3-3 动物屠宰检疫处理记录（宰后）（供参考）

日期	动物准宰通知单编号	总计	合格		不合格					签字人
			数量	检疫证明编号					处理方法	

患疫病鹅需进行无害化处理时，填写《病害动物（产品）无害化处理通知书》（图5-3-1）（供参考）和《屠宰检疫无害化处理情况日汇总表》（表5-3-4）。

病害动物（产品）无害化处理通知书（存根联）

No 0000001

___________：

依据《中华人民共和国动物防疫法》和国家有关检疫标准的规定，经检疫，你厂（场、点）有下列动物及其产品须按规定作无害化处理。

品名	单位	数量	检疫结果	处理方式	备注

动物卫生监督机构（章）　　检疫员（签名）　　年　月　日

病害动物（产品）无害化处理通知书（屠宰场联）

No 0000001

___________：

依据《中华人民共和国动物防疫法》和国家有关检疫标准的规定，经检疫，你厂（场、点）有下列动物及其产品须按规定作无害化处理。

品名	单位	数量	检疫结果	处理方式	备注

动物卫生监督机构（章）　　检疫员（签名）　　年　月　日

图5-3-1 病害动物（产品）无害化处理通知书（供参考）

表5-3-4 屠宰检疫无害化处理情况日汇总表

动物卫生监督所（分所）名称： 屠宰场名称：

货主姓名	产地	《检疫处理通知单》编号	宰前检查		同步检疫		官方兽医姓名
			不合格数量（头、只、羽、匹）	无害化处理方式	不合格数量（头、只、羽、匹）	无害化处理方式	
合计							

检疫日期： 年 月 日

注：1.“产地”应注明被处理动物产地省、市、县、乡及养殖场（小区）、交易市场或村名称。

2.“无害化处理方式”应填写焚烧、化制、掩埋、发酵等。

3.“官方兽医姓名”应填写出具动物检疫合格证明或检疫处理通知单的官方兽医姓名。

4.日汇总表填写完成后需对各个项目进行汇总统计，录入合计栏。“宰前检查不合格数量”“同步检疫不合格数量”录入合计数量，“产地”“官方兽医姓名”录入不同的产地、官方兽医的个数，“无害化处理方式”录入不同处理方式的数量，“《检疫处理通知单》编号”录入出具《检疫处理通知单》的总数。

三、检验检疫记录的保存

检验检疫记录保存12个月以上。

第四节 病死及病害鹅和相关产品无害化处理

《病死及病害动物无害化处理技术规范》（农医发〔2017〕25号）规定了病死及病害动物和相关动物产品无害化处理的技术工艺和操作注意事项，处理过程中病死及病害动物和相关动物产品的包装、暂存、转运、人员防护和记录等要求。其适用对象包括国家规定的染疫动物及其产品、病死或者死因不明的动物尸体，屠宰前确认的病害动物、屠宰过程中经检疫或肉品品质检验确认为不可食用的动物产品，以及其他应当进行无害化处理的动物及动物产品。

鹅屠宰加工企业应配套建设符合现行规范要求的废弃物存放与无害化处理设施，也可以按照当地政府的要求将病害动物和病害动物产品交由当地政府指定的动物无害化（卫生）处理中心做无害化处理。

一、适用对象

（1）确认为高致病性禽流感、新城疫、结核病、鸭瘟的染疫鹅以及其他危害人禽健康的病害鹅及其产品。

（2）病死、毒死或不明死因鹅的尸体。

（3）经检验对人畜有毒有害的、需销毁的病害鹅和病害鹅产品。

（4）从鹅体割除下来的病变部分。

（5）人工接种病原微生物或进行药物试验的病害鹅和病害鹅产品。

二、病死及病害鹅和相关产品的处理

1．焚烧法　是指在焚烧容器内，使病死及病害鹅和相关产品在富氧或无氧条件下进行氧化反应或热解反应的方法（图5-4-1、图5-4-2）。常用的有直接焚烧法和炭化焚烧法两种。

图5-4-1　焚烧间

图5-4-2　小型焚烧炉

（1）直接焚烧法技术工艺

①将病死及病害鹅和相关产品或破碎产物，投至焚烧炉本体燃烧室，经充分氧化、热解，产生的高温烟气进入二次燃烧室继续燃烧，产生的炉渣经出渣机排出。

②燃烧室温度应不低于850℃。燃烧所产生的烟气从最后的助燃空气喷射口或燃烧器出口到换热面或烟道冷风引射口之间的停留时间应不低于2s。焚烧炉出口烟气中氧含量应为6%～10%（干气）。

③二次燃烧室出口烟气经余热利用系统、烟气净化系统处理，达到《大气污染物综合排放标准》（GB 16297—1996）要求后排放。

④焚烧炉渣与除尘设备收集的焚烧飞灰应分别收集、贮存和运输。焚烧炉渣按一般固体废物处理或作资源化利用；焚烧飞灰和其他尾气净化装置收集的固体废物需按《危险废物鉴别标准 浸出毒性鉴别》（GB 5085.3—2007）要求作危险废物鉴定，如属于危险废物，则按《危险废物焚烧污染控制标准》（GB 18484—2001）和《危险废物贮存污染控制标准》（GB 18597—2001）要求处理。

操作注意事项：严格控制焚烧进料频率和重量，使病死及病害动物和相关动物产品能够充分与空气接触，保证完全燃烧。燃烧室内应保持负压状态，避免焚烧过程中发生烟气泄漏。二次燃烧室顶部设紧急排放烟囱，应急时开启。烟气净化系统包括急冷塔、引风机等设施。

（2）炭化焚烧法技术工艺

①将病死及病害鹅和相关产品或破碎产物投至热解炭化室，在无氧情况下经充分热解，产生的热解烟气进入二次燃烧室继续燃烧，产生的固体炭化物残渣经热解炭化室排出。

②热解温度应不低于600℃，二次燃烧室温度不低于850℃，焚烧后烟气在850℃以上停留时间不低于2s。

③烟气经过热解炭化室热能回收后，降至600℃左右，经烟气净化系统处理，达到《大气污染物综合排放标准》（GB 16297—1996）要求后排放。

操作注意事项：应检查热解炭化系统的炉门密封性，以保证热解炭化室的隔氧状态。应定期检查和清理热解气输出管道，以免发生阻塞。热解炭化室顶部需设置与大气相连的防爆口，热解炭化室内压力过大时可自动开启泄压。应根据处理物种类、体积等严格控制热解的温度、升温速度及物料在热解炭化室里的停留时间。

2．化制法　是指在密闭的高压容器内，通过向容器夹层或容器内通入高温饱和蒸汽，在干热、压力或蒸汽、压力的作用下，处理病死及病害鹅和相关产品的方法（图5-4-3、图5-4-4）。常用的有干化法和湿化法两种。

图5-4-3　化制炉（1）

图5-4-4　化制炉（2）

（1）干化法技术工艺

①将病死及病害鹅和相关产品或破碎产物输送入高温高压灭菌容器。

②处理物中心温度不低于140℃，压力不低于0.5MPa（绝对压力），时间不低于4h（具体处理时间随处理物种类和体积大小而设定）。

③加热烘干产生的热蒸汽经废气处理系统后排出。

④加热烘干产生的动物尸体残渣传输至压榨系统处理。

操作注意事项：搅拌系统的工作时间应以烘干剩余物基本不含水分为宜，根据处理物量的多少，适当延长或缩短搅拌时间。应使用合理的污水处理系统，有效去除有机物、氨氮，达到《污水综合排放标准》（GB 8978—1996）要求；应使用合理的废气处理系统，有效吸收处理过程中动物尸体腐败产生的恶臭气体，达到《大气污染物综合排放标准》（GB 16297—1996）要求后排放。高温高压灭菌容器操作人员应符合相关专业要求，持证上岗。处理结束后，需对墙面、地面及其相关工具进行彻底清洗、消毒。

（2）湿化法技术工艺

①将病死及病害鹅和相关产品或破碎产物送入高温高压容器，总质量不得超过容器总承受能力的五分之四。

②处理物中心温度不低于135℃，压力不低于0.3MPa（绝对压力），处理时间不低于30min（具体处理时间随处理物种类和体积大小而设定）。

③高温高压结束后，对处理产物进行初次固液分离。

④固体物经破碎处理后，送入烘干系统；液体部分送入油水分离系统处理。

操作注意事项：高温高压容器操作人员应符合相关专业要求，持证上岗。处理结束后，需对墙面、地面及其相关工具进行彻底清洗、消毒。冷凝排放水应冷却后排放，产生的废水应经污水处理系统处理，达到《污水综合排放标准》（GB 8978—1996）要求。处理车间废气应通过安装自动喷淋消毒系统、排风系统和高效微粒空气过滤器（HEPA过滤器）等进行处理，达到《大气污染物综合排放标准》（GB 16297—1996）要求后排放。

3．高温法　高温法是指常压状态下，在封闭系统内利用高温处理病死及病害鹅和相关产品的方法。其技术工艺如下。

①向容器内输入油脂，容器夹层经导热油或其他介质加热。

②将病死及病害鹅和相关产品或破碎产物输送入容器内，与油脂混合。常压状态下，维持容器内部温度不低于180℃，持续时间不低于2.5h（具体处理时间随处理物种类和体积大小而设定）。

③加热产生的热蒸汽经废气处理系统后排出。

④加热产生的动物尸体残渣传输至压榨系统处理。

操作注意事项与干化法相同。

4．深埋法　深埋法是指按照相关规定，将病死及病害鹅和相关产品投入深埋坑中并覆盖、消毒，处理病死及病害鹅和相关产品的方法（图5-4-5、图5-4-6）。目前，鹅屠宰场（厂）已较少采用该方法，其多用于发生动物疫情或自然灾害等突发事件时病死及病害鹅的应急处理，以及边远和交通不便地区零星病死鹅的处理。该方法的技术工艺如下。

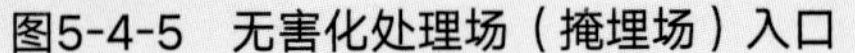
图5-4-5　无害化处理场（掩埋场）入口

图5-4-6　无害化掩埋场表面覆盖消毒剂

①深埋坑体容积以实际处理鹅尸体及相关鹅产品数量确定。

②深埋坑底应高出地下水位1.5m以上，要防渗、防漏。

③坑底洒一层厚度为2～5cm的生石灰或漂白粉等消毒药。

④将鹅尸体及相关鹅产品投入坑内，最上层距离地表1.5m以上。

⑤生石灰或漂白粉等消毒药消毒。

⑥覆盖距地表20～30cm，厚度不少于1～1.2m的覆土。

操作注意事项：应选择地势高燥、处于下风向的地点，应远离学校、公共场所、居民住宅区、村庄、动物饲养和屠宰场所、饮用水源地、河流等。深埋覆土不要太实，以免腐败产气造成气泡冒出和液体渗漏。深埋后，在深埋处设置警示标识。深埋后，第一周内应每日巡查1次，第二周起应每周巡查1次，连续巡查3个月，深埋坑塌陷处应及时加盖覆土。深埋后，立即用氯制剂、漂白粉或生石灰等消毒药对深埋场所进行一次彻底消毒。第一周内应每日消毒1次，第二周起应每周消毒1次，连续消毒三周以上。

5．化学处理法　是指在密闭的容器内，将病死及病害鹅和相关产品用化学药物在一定条件下进行处理的方法。

（1）硫酸分解法　是指在密闭的容器内，将病死及病害鹅和相关产品用硫酸在一定条件下进行分解的方法。其技术工艺如下。

①将病死及病害鹅和相关产品或破碎产物，投至耐酸的水解罐中，按每吨处理

物加入水150～300kg，后加入98%的浓硫酸300～400kg（具体加入水和浓硫酸量随处理物的含水量而设定）。

②密闭水解罐，加热使水解罐内温度升至100～108℃，维持压力不低于0.15MPa，反应时间不低于4h，至罐体内的病死及病害鹅和相关鹅产品完全分解为液态。

操作注意事项：处理中使用的强酸应按国家危险化学品安全管理、易制毒化学品管理有关规定执行，操作人员应做好个人防护。水解过程中要先将水加入到耐酸的水解罐中，然后加入浓硫酸。控制处理物总体积不得超过容器容量的70%。酸解反应的容器及储存酸解液的容器均要求耐强酸。

（2）过氧乙酸消毒法　适用于染疫鹅的毛、绒消毒。将毛放入新鲜配制的2%过氧乙酸溶液中浸泡30min，捞出，用水冲洗后晾干。

6．煮沸消毒法　适用于染疫鹅毛、绒的处理。将毛、绒于沸水中煮沸2～2.5h。

三、收集转运要求

1．包装

（1）包装材料应符合密闭、防水、防渗、防破损、耐腐蚀等要求。

（2）包装材料的容积、尺寸和数量应与需处理病死及病害鹅和相关鹅产品的体积、数量相匹配。

（3）包装后应进行密封。

（4）使用后，一次性包装材料应作销毁处理，可循环使用的包装材料应进行清洗消毒。

2．暂存

（1）采用冷冻或冷藏方式进行暂存，防止无害化处理前病死及病害鹅和相关鹅产品腐败。

（2）暂存场所应能防水、防渗、防鼠、防盗，易于清洗和消毒。

（3）暂存场所应设置明显警示标识。

（4）应定期对暂存场所及周边环境进行清洗消毒。

3．转运

（1）可选择符合《医疗废物转运车技术要求（试行）》（GB 19217—2003）条件的车辆或专用封闭厢式运载车辆。车厢四壁及底部应使用耐腐蚀材料，并采取防渗措施。

（2）专用转运车辆应加施明显标识并加装车载定位系统，记录转运时间和路径等信息。

(3) 车辆驶离暂存、养殖等场所前，应对车轮及车厢外部进行消毒。

(4) 转运车辆应尽量避免进入人口密集区。

(5) 若转运途中发生渗漏，应重新包装、消毒后运输。

(6) 卸载后，应对转运车辆及相关工具等进行彻底清洗、消毒。

四、其他要求

1．人员防护

(1) 病死及病害鹅和相关鹅产品的收集、暂存、转运、无害化处理操作的工作人员应经过专门培训，掌握相应的动物防疫知识。

(2) 工作人员在操作过程中应穿戴防护服、口罩、护目镜、胶鞋及手套等防护用具。

(3) 工作人员应使用专用的收集工具、包装用品、转运工具、清洗工具、消毒器材等。

(4) 工作完毕后，应对一次性防护用品作销毁处理，对循环使用的防护用品消毒处理。

2．记录要求

(1) 病死及病害鹅和相关鹅产品的收集、暂存、转运、无害化处理等环节应建有台账和记录。有条件的地方应保存转运车辆行车信息和相关环节视频记录。

(2) 台账和记录

①暂存环节

A．接收台账和记录应包括病死及病害鹅和相关鹅产品来源场（户）、种类、数量、鹅标识号、死亡原因、消毒方法、收集时间、经办人员等。

B．运出台账和记录应包括运输人员、联系方式、转运时间、车牌号、病死及病害鹅和相关鹅产品种类、数量、鹅标识号、消毒方法、转运目的地以及经办人员等。

②处理环节

A．接收台账和记录应包括病死及病害鹅和相关鹅产品来源、种类、数量、动物标识号、转运人员、联系方式、车牌号、接收时间及经手人员等。

B．处理台账和记录应包括处理时间、处理方式、处理数量及操作人员等。

(3) 涉及病死及病害鹅和相关鹅产品无害化处理的台账和记录至少要保存两年。

第五节 证章标识（志）

一、动物检疫合格证明

（1）《动物检疫合格证明》（动物A）适用于跨省境出售或者运输鹅。见表5-5-1。

表5-5-1 动物检疫合格证明（动物A）

编号：

<table>
<tr><td>货　主</td><td colspan="2"></td><td colspan="2">联系电话</td><td></td></tr>
<tr><td>动物种类</td><td colspan="2"></td><td colspan="2">数量及单位</td><td></td></tr>
<tr><td>启运地点</td><td colspan="5">省　市（州）　县（市、区）　乡（镇）　村
（养殖场、交易市场）</td></tr>
<tr><td>到达地点</td><td colspan="5">省　市（州）　县（市、区）　乡（镇）
村（养殖场、屠宰场、交易市场）</td></tr>
<tr><td>用　途</td><td></td><td>承 运 人</td><td></td><td>联系电话</td><td></td></tr>
<tr><td>运载方式</td><td colspan="3">□公路 □铁路 □水路 □航空</td><td>运载工具
牌号</td><td></td></tr>
<tr><td>运载工具消毒情况</td><td colspan="5">装运前经__________消毒</td></tr>
<tr><td colspan="6">本批动物经检疫合格，应于________日内到达有效。

官方兽医签字：________
签发日期：　年　月　日

（动物卫生监督所检疫专用章）</td></tr>
<tr><td>牲畜耳标号</td><td colspan="5"></td></tr>
<tr><td>动物卫生监督
检查站签章</td><td colspan="5"></td></tr>
<tr><td>备　注</td><td colspan="5"></td></tr>
</table>

第　联　共　联

注：1．本证书一式两联，第一联由动物卫生监督所留存，第二联随货同行。

2．跨省调运动物到达目的地后，货主或承运人应在24h内向输入地动物卫生监督机构报告。

3．牲畜耳标号只需填写后3位，可另附纸填写，需注明本检疫证明编号，同时加盖动物卫生监督机构检疫专用章。

4．动物卫生监督所联系电话：

（2）《动物检疫合格证明》（动物B）适用于省内出售或者运输鹅。见表5-5-2：

表5-5-2　动物检疫合格证明（动物B）

编号：

货　主			联系电话		
动物种类		数量及单位		用　途	
启运地点	市（州）　县（市、区）　乡（镇）　村（养殖场、交易市场）				
到达地点	市（州）　县（市、区）　乡（镇）　村 （养殖场、屠宰场、交易市场）				
牲畜耳标号					
本批动物经检疫合格，应于当日内到达有效。 官方兽医签字：__________ 签发日期：　年　月　日 （动物卫生监督所检疫专用章）					

第　联

共　联

注：1．本证书一式两联，第一联由动物卫生监督所留存，第二联随货同行。

2．本证书限省境内使用。

3．牲畜耳标号只需填写后3位，可另附纸填写，并注明本检疫证明编号，同时加盖动物卫生监督所检疫专用章。

某屠宰场鹅的检疫合格证明见图2-1-1。

二、动物产品检疫合格证明

（1）动物产品检疫合格标志（大标签）　适用于鹅产品外包装箱上，见图5-5-1。

（2）动物产品检疫合格标志（小标签）　适用于鹅产品外包装袋上，见图5-5-2。

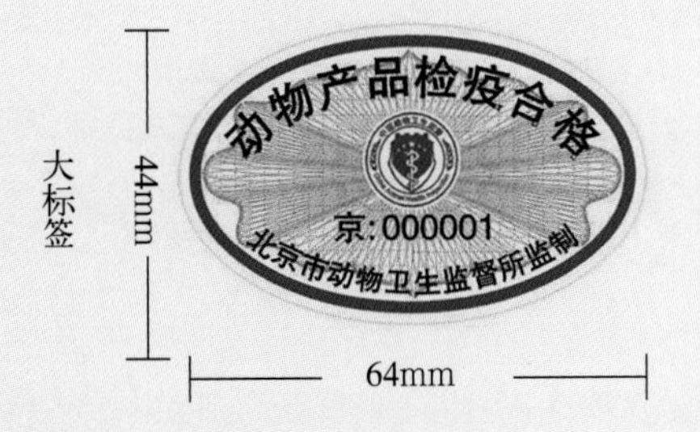

图5-5-1　动物产品检疫合格标志（大标签）

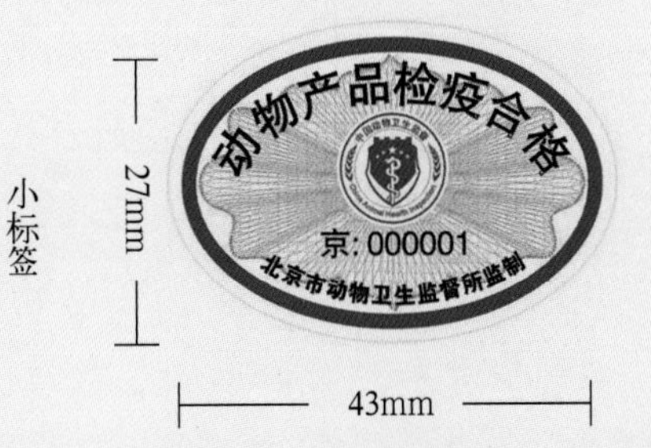

图5-5-2　动物产品检疫合格标志（小标签）

三、急宰通知书

适用于经检验检疫后需要急宰的鹅（图5-5-3）。

急　宰　通　知　书（存根联）

No：________

____________：

根据《中华人民共和国动物防疫法》和国家有关检疫标准的规定，对你厂（场、点）的____________头____________实施宰前检疫。经宰前检疫，因____________原因，其中______头须作急宰处理。

动物卫生监督机构（章）

货主签名：　　　　检疫员（签名）：　　　　年　　月　　日

急　宰　通　知　书（屠宰场联）

No：________

____________：

根据《中华人民共和国动物防疫法》和国家有关检疫标准的规定，对你厂（场、点）的____________头____________实施宰前检疫。经宰前检疫，因____________原因，其中______头须作急宰处理。

图5-5-3　急宰通知书（供参考）

四、隔离观察通知书

适用于经检验检疫后需要隔离观察的鹅（图5-5-4）。

隔离观察通知书（存根联）

No 0000001

______________________：

根据《中华人民共和国动物防疫法》和国家有关检疫标准的规定，对你厂（场、点）的__________头__________实施宰前检疫。经宰前检疫，因______________________________，须隔离观察____天。在未获得动物卫生监督机构准宰通知书之前，货主不得擅自屠宰，否则将依法处理。

动物卫生监督机构（盖章）

检疫员签名：　　　　年　　月　　日

隔离观察通知书（屠宰场联）

No 0000001

______________________：

根据《中华人民共和国动物防疫法》和国家有关检疫标准的规定，对你厂（场、点）的__________头__________实施宰前检疫。经宰前检疫，因______________________________，须隔离观察____天。在未获得动物卫生监督机构准宰通知书之前，货主不得擅自屠宰，否则将依法处理。

动物卫生监督机构（盖章）

检疫员签名：　　　　年　　月　　日

图5-5-4　隔离观察通知书（供参考）

参考文献

陈国宏，2013．中国养鹅学［M］．北京：中国农业出版社．

崔治中，2010．禽病诊治彩色图谱［M］．2版．北京：中国农业出版社．

崔治中，2013．动物疫病诊断与防控彩色图谱［M］．北京：中国农业出版社．

金光明，王珏，王永荣，等，1998．皖西白鹅泌尿器官的解剖观察［J］．安徽农业技术师范学院学报(1)：23-26．

刘志军，李健，赵战勤，2017．鹅解剖组织彩色图谱［M］．北京：化学工业出版社．

马仲华，2005．家畜解剖学及组织胚胎学［M］．3版．北京：中国农业出版社．

曲道峰，2018．鸭屠宰检验检疫图解手册［M］．北京：中国农业出版社．

王永坤，高巍，2015．禽病诊断彩色图谱［M］．北京：中国农业出版社．

Roger Buckland，Gérard Guy，2002．Goose Production［M］．Rome：Food and Agriculture Organization of the United Nations．

致 谢

本书的编写得到华南农业大学、广东省农业农村厅、惠州市潮记食品有限公司、佛山市高明海达养殖基地加工场、广东羽威食品公司等相关单位的大力支持与帮助，在此一并表示感谢！